JN155012

# 「深部感覚」から身体がよみがえる！

重力を正しく受ける
リハビリ・トレーニング

中村考宏
Nakamura Takahiro

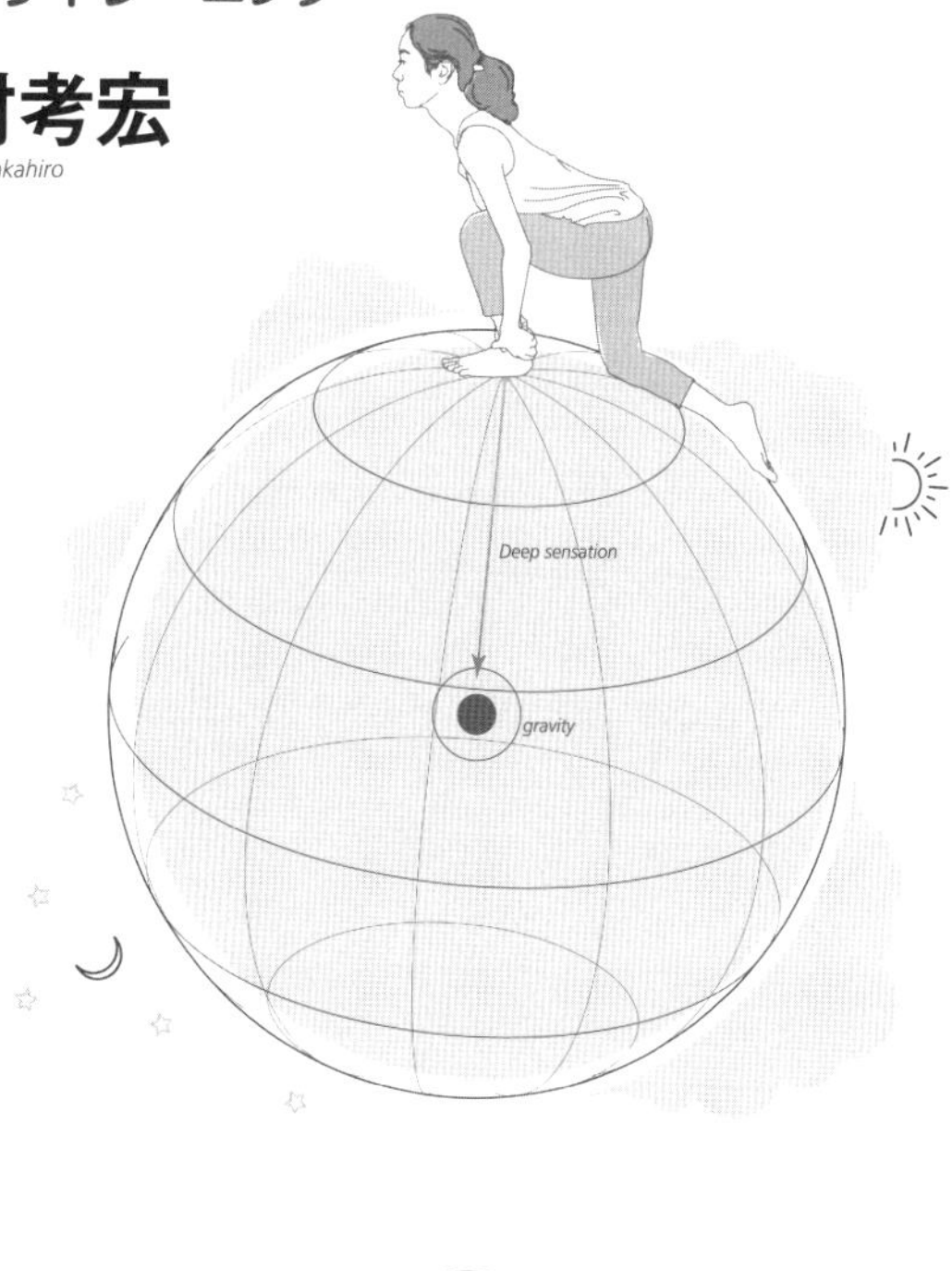


晶文社

装丁＋本文設計　河村　誠
写真撮影　根本明彦
撮影モデル　井上亜紗子

「深部感覚」から身体がよみがえる！

重力を正しく受けるリハビリ・トレーニング

もくじ

## 第2章 感覚からボディーをつなげる——四肢と体幹 85

## 第4章 末端の感覚をよみがえらせる

# はじめに

## 壊れるからだ、治るからだ

## 1 失われた脚の感覚を追い求めて

二〇〇四年一一月のある夜、私は暗闇の中で「**感覚の異常**」という恐怖におびえていた。私の右脚は、私の意識に反応することなく、無意識と無の合間から、かつては私の脚だったことを忘れ去られまいと、もがき苦しみ、私の身と心にこれまでに経験がないほどの恐怖を投げつける。私の右脚は、私の右脚という形をした、ただの肉の塊だった。

なぜ、このような事態になってしまったのだろうか。

原因は、私が一八〇度開脚に憧れ、無理な開脚ストレッチをくり返し、結果、ある一線を越えてしまったことにある。

カラダの構造にそぐわない無理な動きによって、神経回路がショートし、末梢神経麻痺《まっしょうしんけいまひ》という状態に右脚が故障してしまったのだ。故障の瞬間はいまでもよく覚えている。大きく開脚をして、床に胸をつけて大腿の筋肉が張り裂けんばかりにグイグイ伸ばしきった。その瞬間、伸張《しんちょう》限界《げんかい》を超えた筋肉が一気に収縮、臀部《でんぶ》あるいは大腿のつけ根辺りでバチンッと何かがはじけた。直後、臀部の激しい痛みとともに右の足指の感覚が薄れはじめ、次第に右足首のコントロールを失う。数時間後には右足が、ぷらんと垂れた。

筋損傷だけにとどまらず末梢神経に障害がおきた。

おそらくＬ４（腰神経）～Ｓ１（仙骨神経）【図１】の神経レベルで故障し、足の指は曲げ伸ばしができず、腿も動かなかった（足の指の伸筋と屈筋・下腿の伸筋と屈筋が運動不能［完全麻痺］）、膝の曲げ伸ばし（屈筋）はわずかに運動可能だった。大腿前面はしびれていた。

一般には、麻痺としびれが混同されていることが多い。

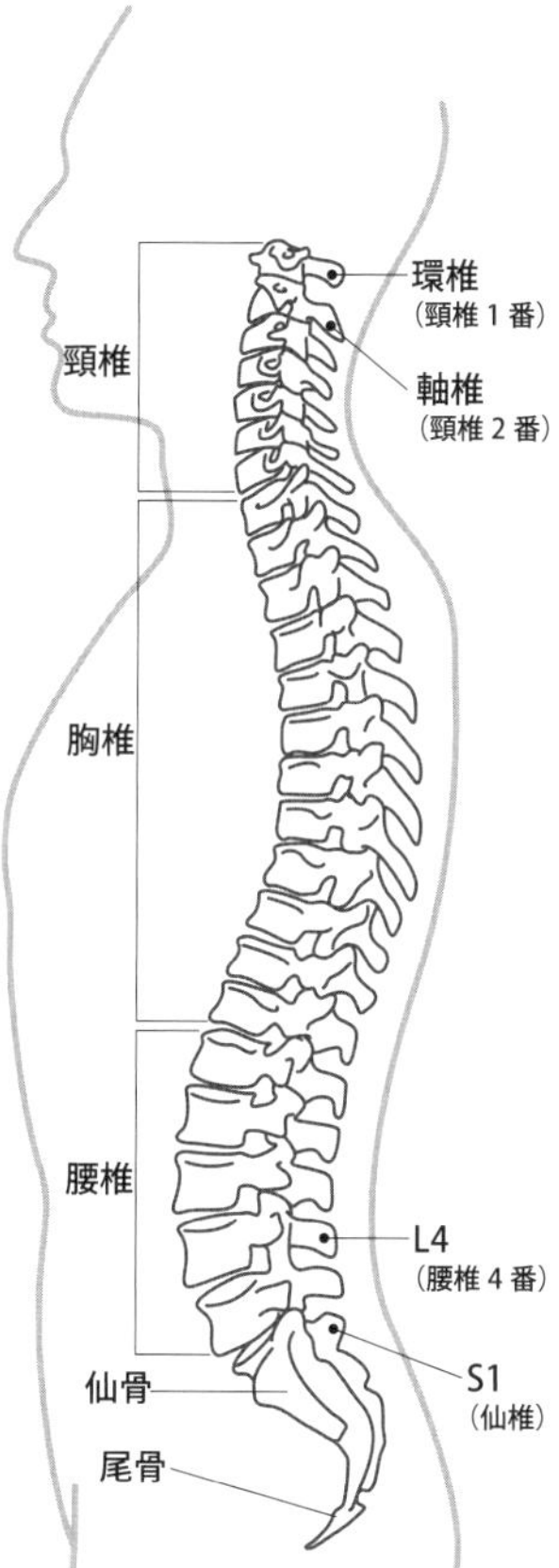


図１：腰椎

麻痺は、神経の障害により身体機能の一部が損なわれる状態のことを言う。たとえば、運動しようとしても、四肢などに十分な力が入らず、感覚が鈍く感じる状態（不全麻痺）。またはまったく動かすことができない、感覚がまったく感じられない状態（完全麻痺）。つまり麻痺とは、運動障害であり、しびれは感覚の異常現象なのだ。


その日の夜から感覚の異常という恐怖に襲われた。

感覚の異常には、異常感覚、錯感覚《さっかんかく》、知覚過敏、知覚鈍麻《ちかくどんま》、無感覚などがある。異常感覚とは、外的刺激によらない感覚の異常であり、誘因なく熱さや痛みなどを感じることだ。しびれなどがそれである。錯感覚とは、外的刺激による感覚の異常であり、触られただけで冷たく感じたりすること。知覚過敏とは、感覚を強く感じてしまうこと。感覚鈍麻とは、感覚を弱く感じること。無感覚とは、感覚をまったく感じないこと。


右足の感覚の異常は皮膚分節（『生理学』［医歯薬出版］を参照）から、これがどの神経レベルの故障なのか、理解する手掛かりになった。

末梢神経は脳および脊髄より出て全身に分布する。脳から出る神経を脳神経、脊髄から出る神経を脊髄神経という。

末梢神経系は、機能的には運動や感覚機能を司る体性神経系と各種の自律機能を司る自律神経系とに分類される。

　脊髄神経の感覚神経と、その神経によって支配される皮膚領域には規則的な対応があり、皮膚の脊髄神経支配領域が分節性に配列している。

　これを皮膚分節【図2】という。


　感覚の異常は、決まって暗く静まる夜中に激しく襲ってきた。

　右脚の末端は、完全に麻痺して、ただの肉の塊のはずなのに、ジンジンと脈打つ鼓動とともに錐《きり》で突き刺すような鋭く激しい痛みが迫ってくる。それはまるで灼熱と極寒を行き来しているようであり、薄手のタオルケットが足先に触れたためか、または痛みからなのか、それとも恐怖なのか、私は叫びながら飛び起きて、暗い部屋に明かりをともす。

　横になっているよりも壁を支えに立っている

**図2：皮膚分節**

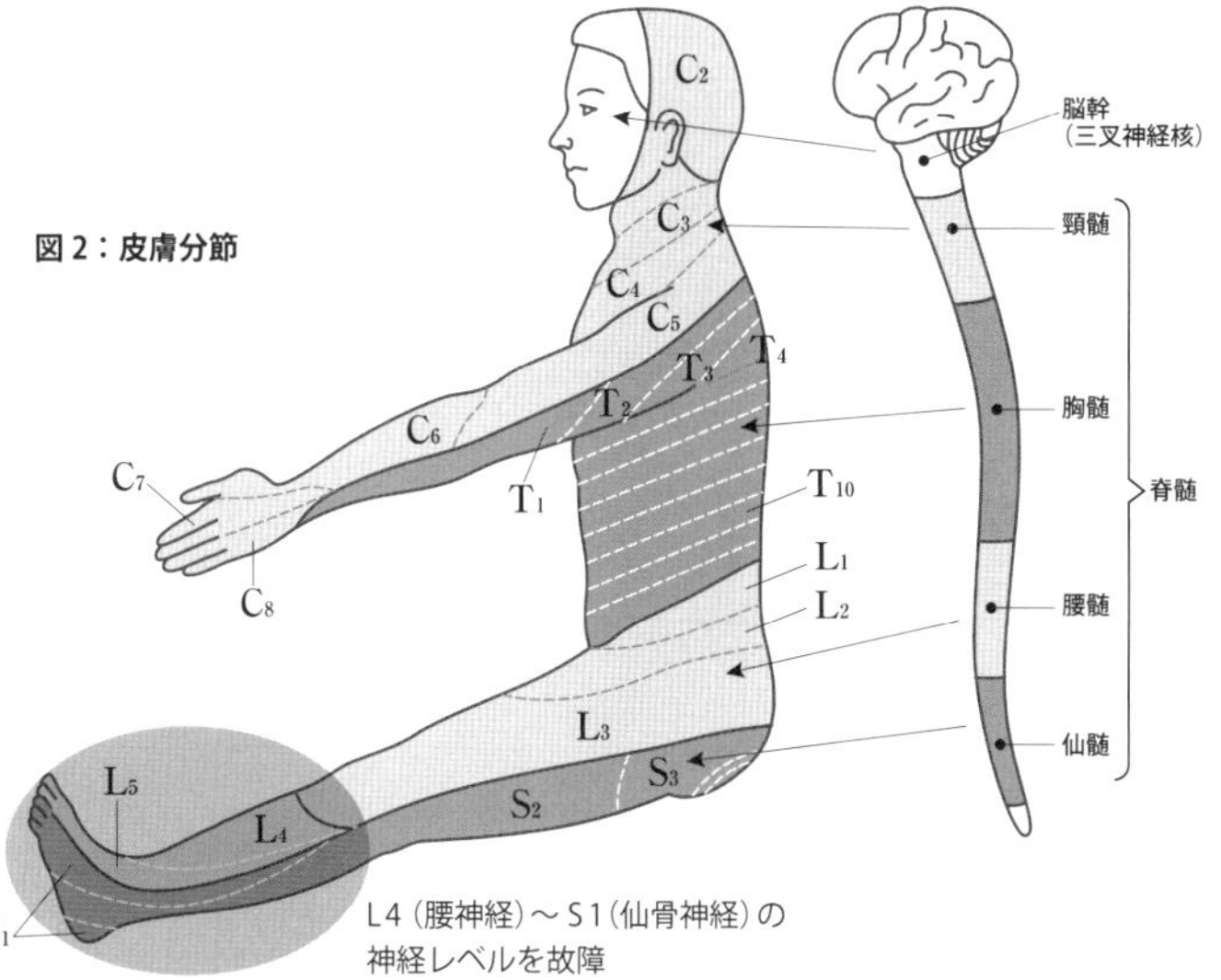

方がましな気がして、右脚は接地できないながらも、一晩中でも立っている方がいく分安心だった。それでも朝日が差し込むころになると恐怖は和らぎ、わずかながら仮眠をとることができた。日中は垂れ下がるつま先をマジックバンドで背屈に固定し、家内の肩をかりて移動した。

感覚を感じないぶら下がった右脚では、カラダを支えることすらできなかった。私のものなのに私のものでない脚が右下方にぶら下がっていて、運動は起こせない。足の位置も、足にかかる抵抗、重量もわからない状態では、右脚を何かに引っかけてもわからない。同じような状態に陥った人には骨折してしまう人も多いだろうと思った。

まさか、準備運動やリハビリで馴染みのあるストレッチが、故障の原因になるとは思いもしなかった。

私は大学卒業後、柔道整復師、あん摩マッサージ指圧師の国家資格を取得し、病院に勤務していた。それゆえ、今回のようなケースの末梢神経麻痺が現代の医療では治療が難しいものだということを頭では理解できたが、恐怖と睡眠不足、精神的な不安でいらだち、とてもすぐには冷静になれなかった。

意識に反応しない右脚に、しばらく途方に暮れたが、家族の献身的な支えがあり、やがて私は前進する覚悟を決めた。

まず、取り組んだのは神経の圧迫箇所を探ること。というのは、ストレッチをかけた筋肉が伸張限界を超えたことで、反動で一気に収縮した筋肉が神経を圧迫しているのではないかと考えたからである。関連しそうな筋肉（臀部の坐骨神経周辺の梨状筋《りじょうきん》など外旋六筋《がいせんろっきん》、膝の裏の脛骨神経《けいこつしんけい》周辺、下腿《かたい》の総腓骨神経《そうひこつしんけい》周辺など）を触察したけれど圧迫箇所を特定することができず、結局、すべての筋肉を触察したが皆目見当がつかない。発症時、臀部と大腿つけ根に激痛があったものの、触察を開始してからは、痛みが消失しており、筋肉による神経の圧迫は「なし」と判断した。

次に取り組んだのは、両足を接地して立つ練習。足首はつま先が垂れ下がって引っかけてしまわないようにマジックバンドで背屈に固定しておいた。右足を床に接地すると、足が何倍にも腫れ上がった感覚、足の裏に分厚い皮膚が張り付いた感覚などの異常がある。違和感と不安定感はあったが、不思議なことに、やはり立っているときは楽で安心感がある。夜の恐怖に比べればいくらでも練習ができた。

両足で接地することに慣れてきたころには夜の恐怖が和らぎ、激しい感覚の異常から、なだらかな感覚の異常に変化していた。

暗く静かな夜は、まるで宇宙のようだ。私の右脚は、その空間の中にありパルスを持続的に発している。どこからどこまでが、私の右脚なのかわからないけれど、そのパルスが宇宙にひしめく無数の星のように輝けば、きっと私に戻ってくるような気がした。

右足の裏の分厚い皮膚の感覚が五百円玉ほどに小さく変化したころ、歩く練習をはじめた。家内の肩から手を放し、ゆっくり、慎重な接地を心がけた。というのも、気を抜こうものなら、右足の裏から身の危険を感じるほどの衝撃が脳天を貫く。端から見る人には、私が何をしているのかわからないくらい超スローコマ送りの歩行の練習だったが、足の裏から受け取る刺激は、目まぐるしい情報処理で脳を活発にするのか、全身の神経系、細胞が総動員され、右脚の回復を催促するようだった。

夜の恐怖が去り、私の右脚と空間を区別する境界線が描かれた。

私はすぐさま走る練習に切り替えた。なぜかといえば、「**走る↓歩く↓立つ**」という順にリハビリ・トレーニングをするのが合理的であるという持論があったからだ。当時は、根拠のない自信のみが持論の支えだったが、カラダの変化とともに横になるよりは立つこと、歩くこと、走ることというようにカラダが求めているような気もした。しかしながら、走るといっても超スローコマ送り歩行の延長なので、歩いている人に簡単に追い越されるほどのかなりゆっくりとした走行だった。まだ、足の裏が感覚の異常で過敏になっているため、慎重な接地が必要だった。衝撃を和らげることを第一に慎重な接地で走行した。

怪我の功名というべきだろう。

接地における衝撃がこれほどまでに強烈なものだとは、右脚が不自由になってはじめて知ったことである。そこから、足の裏と地面の間で行われる力のやり取りは、外部環境の情報を知る大切な手段であることを実感した。ゆっくりと、慎重な接地を心がけるときは、圧を集中させないように分散する。

また、感覚の異常で過敏になっている足裏だが、あえて地面の様子を感じ取るようにもした。すると、米粒大くらいの小石や路面のわずかなひび割れ、シューズの形状やソールの厚さ硬さなどの変化で簡単にバランスを崩してしまう。右脚は筋肉が回復していないためにマジックバンドと骨で支えているから、些細なことが全身のバランスに影響を及ぼすことを経験することができた。つまり、発症前は衝撃緩和をシューズに任せきり、バランスも筋肉に任せきりで、とても雑な接地でカラダにダメージを蓄積し続けていたのだと気づいたのである。

そして、いつしか、いつが末梢神経麻痺から回復した記念日なのかわからないままに、以前と変わらぬ日常生活を送れるようになっていた。大変な事態ではあったが、この経験は、なにより、私にとって失敗を成功の基にするための過程を学ぶ貴重なものであり、持論が確信へと変わった大きなターニングポイントであった。この経験がなければ、これまで紹介してきた「骨盤おこし」「動きのフィジカルトレーニング」、そして本書でお伝えする「深部感覚トレーニング」が生まれることがなかったのは、間違いない。

私が皆さんにお伝えしたい持論（構造動作理論）の中核にあるのは、**「運動とは重心の移動であ**

**る**」ということだ。

運動とは人間の骨格構造体（物体）が、時間の経過とともに空間的位置を変えることである。重心とは、物体の各部に働く重力をただ一つの力で代表させるとき、それが作用する点のこと。ヒトが動いているときは、この重心が運動方向へ移動していく。それはとても、外観から判断できるものではないが、モーションキャプチャー装置などを使って重心計測をすることでイメージをつかむことができる（下記サイトに動画があるので参照していただきたい。http://asiyubi.info/category2/）。

重心移動は、ヒトのお腹辺りにある重心点が運動方向へ軌道を描いていくということ。そして、身体と感覚のリハビリ・トレーニングの要点は重心移動を円滑にすること。

よって、私自身のリハビリでは深部感覚を厚くするとともに、重力を無理なく受けることができる骨格ポジションにおいて基本動作を徹底したのである。

まだ筋肉が回復しない状態で立って、歩いて、走るには骨で支えるしかなかった。私はいつのまにか、立ってカラダを支えるためには強い筋肉が必要だと思い込んでいた。だが、よく考えてみれば、**支える**のが骨の役割であり、筋肉の役割はその骨の位置の調節で、関節の役割は**重心を運ぶ**ことだった。

リハビリの際は、右足のつま先が垂れ下がる状態だったので、足首をマジックバンドで背屈固定したが、足が出しにくい状態のときは背屈角度をややきつめにした。すると、重心が前に移動しやすくなり、そこから関節の役割と、運動が重心移動だということも実感できた。

　前述の私自身の末梢神経麻痺に対しておこなったリハビリは、立つ、歩く、走るなど至ってシンプルな方法だった。それ以外では垂れ下がったつま先の足指一本一本を呼びかけながら握ったり、足首を背屈する意識を持ってその状態を感じ続けた。そして、足指が私の意識に反応しはじめてからは長趾屈筋《ちょうしくっきん》や長母趾屈筋《ちょうぼしくっきん》（二三一ページ参照）などを動かして骨格筋（骨格を動かす筋肉）の回復につとめた。

　立つ練習をはじめたころ、筋肉の状態は回復していなかったが、**しっかりと骨でカラダを支えるために、右の両足首を両手でつかみ、脛の骨が地面にまっすぐ立つように重さをかけること**を無意識におこなっていた。そして感覚がない脛の状態は手応えを通して「まっすぐ感」を得ていた。

　この無意識におこなっていた行為がとても重要なポイントであり、それに気づくまでには時間が必要だったが、これこそが本書で展開する「深部感覚トレーニング」の種の発見だったのである。

## 2　深部感覚とカラダのあり方

　末梢神経とは、脳や脊髄から分かれた後の、カラダ中に分布する神経だ。末梢神経には、筋肉を動かす運動神経のほか、感覚神経、自律神経の三種類がある。感覚神経は知覚神経ともいい、熱さ、冷たさ、痛さといった温痛覚や触覚を伝え、また、手足の位置、運動変化、重さなどを認識する深部感覚を伝える。自律神経は、カラダのさまざまな組織や器官のはたらきを調節している。

その中で深部感覚とは、皮膚や粘膜の表面ではなく、それより深部に存在する筋・腱・関節・骨膜などにある受容器によって起こる感覚で、固有感覚ともいわれる。深部感覚には、位置覚（カラダの各パーツの位置）、運動覚（関節運動の方向・運動の状態）、重量覚（重力の大きさ）等を感知する感覚などがある。

本書ではこの深部感覚に働きかけ、眠っているそれを目覚めさせるエクササイズを中心に紹介していく。

股割《またわ》りを紹介するようになってから、股関節の痛みが治らないのでどうしたらよいかと、相談に来られる方が多い。

しかし、「では、あなたの股関節はどこにあるのですか？」と質問をすると、大方の人が首を傾げて大腿や恥骨《ちこつ》、鼠径部《そけいぶ》に手を当てて考えはじめる。そして「股関節はどこなのでしょうか……」「……よくわかりません」といった答えが返ってくる。医療機関で検査をしてレントゲンをとり、自らが写っている画像を見ながら説明を受けていたとしても、実際にそれがどこにあるのか、体感覚と一致していないのだ。

股関節は、英語でヒップ・ジョイントという。つまり、お尻の関節である。だからそれを理解しているのならば大腿骨（大転子）のやや後方でお尻のえくぼ辺りに手を当てることになる【図3】。股関節の位置を大腿前面や恥骨、鼠径部などと勘違いしている、あるいはわからないというのは、知識としてそれを知らないということもあるが、そもそも深部感覚（位置覚）が薄い／鈍いためだろう。これは、どこからどこまでが自分の右脚なのかわからないという私が経験した状態に似ている。もし、私が感覚を失った右脚の位置を理解しないまま、しかも垂れ下がるつま先のままで動き回ったとしたら、何かに足を引っかけるか、おかしな体重のかけ方をしてカラダが壊れるのが目に見えている。

股関節の位置はわからないけれど、股関節が痛い。というとは、もしかしたら痛いのは股関節でないのかもしれないし、あるいは股関節なのかもしれない。しかし、本当に股関節が痛いのだとして、けれども股関節の位置がわかっていないわけだ

図3：ヒップ・ジョイント

から、そこに多大なる負荷をかけているのにも気づかないでいる場合《ケース》が考えられる。もしかしたら「破壊」の一歩手前の状態にある可能性もある。

知るべきことを知らないということは、身を不自由にさせるばかりか恐ろしい状態を引き起こすこともある。股関節の位置覚が適切に機能しているのなら、おそらくそこに負荷をかけなくてもすむだろう。

同様に、「股関節が硬いのでやわらかくするのにはどうしたらよいか」という相談も多くいただくが、やはり、ほとんどの方は股関節の位置を理解していない。ストレッチを取り入れてみたり、マッサージにかかったりとさまざまな取り組みをしているけれど、すぐに戻ってしまうのだと口を揃えていう。

股関節が硬いというのは「股関節の可動範囲が狭い」ということがほとんどだと思うが、股関節の位置がわからないばかりに多大なる負荷をかけて、大腿骨頭《だいたいこっとう》が寛骨臼《かんこつきゅう》に突き刺さるほど陥入している場合も考えられる。つまり、股関節の位置がわからないから股関節の運動方向・運動の状態がわからない。これでは股関節を大きく可動させたくても、難しい。反対に、股関節の位置覚・運動覚が適切に機能しているのなら、股関節の可動を制限するものはなく、自然と大きく動かせるようになるだろう。

「深部感覚トレーニング」で最も特徴的なのは重量覚（重力の大きさを知覚する感覚）へのアプロー

チである。

私たちは重力下という環境で生活を営んでいる。当然、重力下を想定したリハビリ・トレーニングでなければいけないことはいうまでもない。

私が無意識で行っていた行為というのは「深部感覚」という感覚へのアプローチであった。しっかりと骨でカラダを支えるために、右の足首を両手でつかみ（位置覚の入力）、脛の骨が地面にまっすぐ立つように重さをかける（重量覚の入力）。そして感覚がない脛の状態は手応えを通してまっすぐ感を得ていた【図4】。

手探りのような行為だったが、失った深部感覚を目覚めさせるために語りかけていった。それは、わずかながらの深部感覚への入力に過ぎないが、継続することでその一歩、一歩は積み重なって深部感覚を厚くし、やがて、私の右脚は私のもとへ戻った。

一刻も早く元の状態に戻りたいという一心でおこなったシンプルなリハビリだったが、結果的には重力下を踏まえた理に適う方法となった。

図4：右足首への入力

「脛をまっすぐにする」というのは「垂直」ということであり、その状態に脛を立てたとき、重力を脛骨の長軸方向で無理なく受けることができる。逆に脛骨が傾いている場合は重力を受けるのには無理があり、骨を支えるために筋力を浪費し、また脛骨を断ち切るような剪断力《せんだんりょく》という力がかかってしまう。これは筋骨格系疾患のみならず疲労骨折やシンスプリントなどのスポーツ障害の原因になる。

スポーツ障害、怪我の予防については諸説あるが、私はカラダの各パーツの垂直位置、つまり「重力を無理なく受けることができる骨格ポジションづくり」が重要だと考えている。運動前の準備として、あるいは障害、怪我のリハビリとして重力の大きさを知り、重力を貫く骨格ポジションへのセッティング＝深部感覚トレーニングをおすすめしたい。

深部感覚の入力には、先に述べたように、位置覚（カラダの各パーツの位置を感じる）、運動覚（関節運動の方向・運動の状態を感じる）、重量覚（重力の大きさを感じる）の三つがある。

そして、やるべきことはセンサーを研ぎ澄ませて「感覚を拾う」ことのみ。

ただし、この「感覚を拾う」といったとき、それは、言葉から連想されるような「イメージで感じる」「想像力を働かせる」ということとは、まったく対極にあることにだけ注意したい。あくまで「感覚を拾う」ということは、具体的で物理的な状態（いまの自分の状態・存在）に意識を向けて、それをそのまま感じていくという行為になるのだ。

入力直後の効果としては、接地がやわらかくなる、手足カラダが軽くなる、目がすっきりするなど、人により感じ方はさまざまで、また、すぐに効果を感じられなくても心配する必要はない。ただ何らかの効果が得られるということはすなわち、「感覚の実力」につながっていく。トレーニングを積んでコツをつかめば、後は感覚を積み重ねて深部感覚を厚くすることでカラダの各パーツは今以上にもっと自由になっていく。

深部感覚の入力は骨格ポジションの理解にも、骨格筋の回復（何らかの理由で機能できない状態になっている骨格筋に対して、その起始・停止部を整え、収縮率を高めることにより機能を一〇〇パーセントに近づける）にも役立つので、構造動作理論、ならびに構造動作トレーニング（構造動作理論とは人体の構造・仕組みに即した、自然で躍動的な動作の原理や法則を、カラダで再現するための指標である。詳しくは『骨盤おこし』で身体が目覚める』『〝動き〟のフィジカルトレーニング』［いずれも春秋社刊］を参照）の理解を深めることができる。

深部感覚が厚くなるということは、カラダが整うということ。

私は開脚ストレッチで右脚を壊すという大失敗をしたが、そのおかげで深部感覚に気づくことができた。それからは、「股割り」（骨盤おこし）という方法で股関節の回転力を高めている。深部感覚が厚くなることで、以前よりもカラダの仕組みがわかるようになった。その結果、目的に対して必要な手段がシンプルに選択できるようになったのだ。

一回一回の深部感覚の入力はその時点のカラダを整えるが、それが積み重ねられることで「未だ見ぬ自分」のポテンシャルを整えることに確実につながっていく。

## 深部感覚はカラダを認識する感覚。

もし、この感覚が鈍かったらカラダの各パーツのつながりが途切れていることにも気づかず、またカラダに無理をかけていることにも気づかないだろう。カラダがダルイ、重い、痛いという感覚は、何かを感知してあなたに知らせている。深部感覚を研ぎ澄ますことで、そうした「カラダの声」をより受け取ることができるようになる。

そうした声を無視し続けた結果が、ほとんどの筋骨格系疾患（悪性腫瘍、感染、骨折などを除く）を生み出していると私は考えている。さらに、多くのケースにおいても、「痛み」を取り除くことばかりに主眼を注ぎ、痛みという表在感覚および深部感覚が何を感知して知らせているのか、そこに耳を傾けることは少ない。

無痛無汗症という病名を聞いたことがあるだろうか。

この病気は、原因不明の難病で文字通り痛みを感じない、汗をかかないというもの。痛みという感覚を失っているばかりに自分のカラダが壊れるということが理解できない。歩くだけで骨折や捻挫をくり返し、折れた骨が皮膚から突き出ていても気づかない。

私たちは痛みがあるので、間違って舌を噛み切ってしまったり、熱いヤカンに触れても火傷をする前に手を離したりすることができる。痛みという感覚はカラダの危険を感知し、生存するために必要不可欠なのである。

痛みばかりでなくさまざまな感覚の異常を乗り越えてきて思う。私たちは感覚について複雑に考えがちだが、実際には、それはある種単純な「知らせ」なのかもしれない。

私はヒトの「自然なメカニズム」が知りたい。だが、しょせん、人間社会の中にいる状態ではそれは絵空事に過ぎない。私たちは人間であるが「ヒト」という自然（種としてのヒト）を知らない。おそらく人間社会の中では自然ということが何なのか、理解する術がないだろう。

もし、自然というものを知ろうとするのならば、手つかずの野生の中に身を投じるより他ないのではないだろうか。そして、さらに複雑化した人間を語るのなら、それはロマンを追うことになるのかもしれない。しかしながら、日常において傷を負って、それを乗り越えられたときなどには、〝ヒトという自然〟の一端を垣間見ることができるような気がする。

ヒトのカラダは未知に満ち溢れている。それゆえ、現時点での学問を総動員してセンサーを研ぎ澄ませたならば、もっとわかることがあるのだと思う。「深部感覚」というのは、それ自体は生理学の初歩的なキーワードに過ぎないが、基本を奥深く掘り下げてみれば、そこへのアプローチについてはまだあまり知られていないことがたくさんあった。

深部感覚はすべての人の中にある。

しかし、自分以外がそれを拾うことはできない。

この広い世界の中で、あなただけがそれを拾うことができる。

そして「感覚を拾う」ということが、このメソッドのすべてなのだ。

これまで「いつか誰か／何かが自分を変えてくれる」と、変えてくれる誰か／何かを探し続けてきた方も多いのではないだろうか。

あなたはこの先もその誰か／何かを探し続けるのだろうか。それとも、自分の中にいる自分＝見えない深部感覚の世界から、自分自身の姿をすくい上げる道を選ぶのだろうか。

くり返しになるが、あなた以外の人があなたの深部感覚を「拾う」ことはできない。

――ついに、あなた自身の中に眠る深部感覚の世界を開く時がきたのだ。


このような感覚の話は、読者の皆さんにとっては不慣れで、おそらく読み難いことであろうと思う。第1章からは実践的なエクササイズについての紹介も交え、専門用語をできるだけ控えつつ進めていきたいと思う。

# 第1章
# 深部感覚とは何か

## 1 感覚の種類と働き

ヒトとは、ヒト亜属に属する動物の総称であり、いわゆる人間（人類）の生物学上の標準和名です。ヒトは運動能力と感覚を持つ動物。

私たちのカラダには環境（外部環境、内部環境）の変化を認識するために感覚が備わっています。感覚としては、古来からの分類にある視覚、聴覚、触覚、味覚、嗅覚の五感が広く知られています。また、現在知られている感覚には、体性《たいせい》感覚（表在《ひょうざい》感覚、深部感覚）、内臓感覚、特殊感覚（視覚、聴覚、味覚、嗅覚、平衡感覚）などがあります。

感覚は、カラダの外部または内部の変化を感覚器《かんかくき》（眼、耳、皮膚、舌、鼻など）の受容器《じゅようき》で感受し、その興奮が感覚神経、中枢神経（求心路）、大脳皮質の感覚中枢に伝えられ、引き起こされます。また、これらの情報をもとにカラダの外部または内部の環境の状態を知ることを「知覚」といいます。知覚には個人差があります。それは感覚情報に個人の解釈や判断、経験、カラダの機能状態などが加わるためだと考えています。

私は二〇代から西洋医学と東洋医学を学び、鍼灸やマッサージなどを患者に施してきました。施術では、まず問診《もんしん》・視診《ししん》・触診《しょくしん》が大切になります。まさしく自身の感覚がものをいう世界であり、技術・経験・感覚に長けた人物が名人と呼ばれてきました（後に名人と呼ばれる人物はそれ以上に人間性が優れていることを知りました）。

ずいぶんと修業を重ねましたが、患者さんの筋肉の触察《しょくさつ》をどのくらいおこなったでしょうか。結果として私の手指の皮膚は薄くなり、熱い緑茶が入った湯飲みや、炊き立てのご飯を盛ったお茶碗が熱過ぎるように感じられ、持てなくなりました。また、未開封のビンをあけるときの蓋の硬さも苦手で、手が痛くなります。おそらく触れたものの状態を感じ取る習慣がカラダに染み込んでいるためでしょう。

筋肉の触察は、皮膚を通して見えない筋肉の状態を探るものです。筋肉の状態を探るというのは、形、走行《そうこう》、硬さ、異なる箇所、温度などをみることです。そして経験を積んで筋線維の細かな収縮箇所に指先が向かうようになり、手指の感覚が敏感になったのでしょう。この感覚は、表在感覚いわゆる皮膚感覚といわれるもので、触覚・温覚・冷覚・痛覚などがあります。仕事上はよいですが、日常ではやや敏感すぎる。ですから、日曜大工や畑仕事をするときなどは軍手が手放せません。

しかしながら、同じ施術をしているようでも施術者の中にも個人差があります。私の手指は大きいが薄くやわらかく女性的。今となっては笑い話ですが、学生の頃、親指が第一関節から反る指が指圧に向いていると聞いて、私の指は反っていなかったのでガッカリした記憶があります。しかし、感覚を磨くことの方が大切で、重要なことだと今は思っています。

## 2 怪我をするとパフォーマンスが低下する理由

ヒトの動き方は十人十色。たとえば、サッカー選手がならんで同じ動作をします。それが外から見て同じような動きに見えたとしても、明確に違うものが一つあります。それが「**重心の軌道**」なのです。先に構造動作理論の一番の原則として「**運動とは重心の移動である**」とお伝えしました。よって、重心の軌道が違うということは、違う動きをしているということになります。

身長、体重、骨格位置が異なるそれぞれの選手は、動作以前に重心の位置が違います。この異なる重心位置から、選手たちのさまざまな経験や、考え方といった背景が合わさって、運動が生み出されていきます。ですから、一見同じような動作に見えても、見えない世界ではまったく違うことをおこなっているといっても言いすぎではないでしょう。

また、一流の選手を目指すということは、一流の重心軌道を描くことを目指す、ということでもあります。

重心移動の違いはどこにあるのかというと、骨、筋肉、関節の状態の違いから生み出されてきます。

競技をおこなう以上は怪我もつきもの（と多くのひとは考えているでしょう）。

しかし、もし、怪我をしたとしても適切なリハビリが施されていれば、パフォーマンスが低下することはありません。逆に、適切なリハビリが施されていなかったとしたら、怪我をする前の自分と、怪我をした後の自分は、異なるカラダの状態になっていると考えられます。当然、重心位置、重心移動の軌道は、怪我をする前の自分とは異なり、一度怪我をしてしまうとパフォーマンスが低下するということは多くなります。実際、前年活躍したスポーツ選手が怪我をして、その後低調なパフォーマンスしか発揮することができず、引退していくということは珍しくない風景です。

ここで少し考えていただきたいのですが、怪我をするにもアクシデントを除いて理由があるわけです。

運動つまり重心の移動を重ねている以上、カラダのどこかで無理をしていれば、必ずどこかの部位を酷使することになり、そこに疲労が蓄積していきます。それが骨、筋肉、関節のどれであったとしても、損傷したり、あるいは動きが鈍くなったりすれば、それだけで重心位置が変化してしまいます。

その状態で激しく競技をおこなえば、当然怪我をするリスクは高まっていくことが予想できると思います。

重心移動がスムーズな状態であるなら、骨、筋肉、関節は機能的に作用しているので何の問題もありません。逆に、重心移動がスムーズでないのなら、骨、筋肉、関節は重心移動を妨げるように作用しているということになる。

しかし、ヒトの動きは重心と骨、筋肉、関節だけで説明がつくものではありません。カラダのすべてと関係しています。ですから、重心移動がスムーズならば骨、筋肉、関節は当然、神経、血管などすべての器官が機能的に作用しているはずです（逆に、重心移動がスムーズでないということは、骨、筋肉、関節、神経、血管などカラダすべての器官においてブレーキがかかっているとも言えます）。

一度怪我をしてしまうと、怪我をする前の重心位置とは違う状態になることで、動作自体が知らぬ間に変化しており、その違いに戸惑うことでしょう。そして、それをすぐに修正できれば問題はないのですが、修正できなければパフォーマンスが低下するということになります。

もし、あなたがパフォーマンスの低下を感じているのならば、重心移動の変化について検討すべきです。そのためには自分のカラダを知らなければなりません。深部感覚を通してカラダの各部のパーツを熟知し、効果的なリハビリ・トレーニングをおこなうことが必要となるでしょう。

## 3 なぜ捻挫をくり返してしまうのか——同じ箇所を痛める理由

スポーツの現場では足首の捻挫が多い。誰もが一度や二度くらいは足を挫《くじ》いた経験があるのではないでしょうか。捻挫をした場合は、早急なアイシング、圧迫・固定、拳上、一定期間安静にして腫れや痛みが治まるのを待つ（いわゆるＲＩＣＥです）。医療機関によっては固定除去後、リハビリをしますが、マッサージや運動療法により足関節の動きに支障がなくなれば競技に復帰してもＯＫとなります。

医療機関では損傷部位の修復程度、痛みの有無をみています。スポーツの現場では筋力の低下をみています。しかし、その双方に**「動き」のアプローチ**がありません。「動き」のアプローチというのは、重力下において重心がスムーズに移動するための土台（足）を回復させる方法をいいます。

足関節捻挫のような急性外傷は受傷してすぐに固定するのが普通なので、損傷部のテンションおよび拮抗する筋肉や靭帯の関係は、受傷時の足関節に外力がかかった状態のままになっています。昔の「ほねつぎ（接骨院）」では、足関節捻挫は整復してから固定したそうですが、今はそのままで固定しているケースがほとんどではないでしょうか。

足関節捻挫に限った話ではありませんが、筋肉、関節、骨、靭帯《じんたい》、神経などの器官だけではなく、筋、腱、関節に多数存在する感覚受容器も損傷していることを忘れてはいけません。それらの感覚受容器は、カラダの各部分の位置、運動の状態、カラダに加わる抵抗、重量を感知する感覚を生み出しています。つまり、どこかを損傷すれば、関連する深部感覚も故障すると考えるべきなのです。

私も柔道の選手だった頃は足関節捻挫をくり返しました。特に右足は数えきれないほど捻挫をし、テーピング、サポーター、包帯などでの固定は日常的になっていました。ある試合のこと、「はじめ！」の合図とともに一歩踏み出したとき、挫いてもいないのに接地しただけで激痛が走ったのです。試合は何とか痛みをこらえて「引き分け」だったと記憶していますが、試合後、右足は無残に腫れ上がっていました。

今考えてみるに「挫いてもいないのに接地しただけで捻挫をした」と思っていたのは、深部感覚の回復リハビリをしないままでいたために感覚がズレてしまっていたのだと考えられます。

同じ箇所をくり返し痛める理由は、端的に「**治っていないから**」なのです。

## 4 リハビリとは何か

リハビリテーション（rehabilitation）という語源は、再びという意味を現すre-という接頭辞と、ラテン語のhabilis（適した）という言葉が合わさってできたものです。直訳すると「本来あるべき状態への回復」という意味になりますが、復職、復権、名誉回復というような意味を持っています。学生時代、リハビリテーションの授業では「全人的復権」と習いました。

リハビリテーションは「リハ」または「リハビリ」と略され、一般に広く知られるようになりました。辞書的にはリハビリテーションとは、病気やケガで、精神や身体に障害を持つことにより、一般的な社会生活ができず人間らしく生きるすべを失いがちな人びとに対して、生活の質

（ＱＯＬ：クオリティ・オブ・ライフ）の改善を目的に医学的な治療や訓練、教育、経済的・社会的な働きかけをおこなうこと、とされています。

ですが、ただ単にカラダの機能改善という意味で使われたり、せいぜい社会復帰という意味で理解されていることが多い。しかし、リハビリテーションとは、より広く、より深い内容を含んだものなのです。

私が採用しているのは、シンプルな直訳「**リハビリ＝本来あるべき状態への回復**」です。

私自身が右脚を不自由にした時、将来への不安（このまま治らないかもしれない）、感覚の異常という恐怖、介助の必要、など、肉体、精神、生活が一変しました。献身的な家族の支えがあり、結果として前進する覚悟を決めることができましたが、それは壮絶な日々でした。

結局のところ、周りの人たちが手を差し伸べてくれたとしても、乗り越えるべきは自分自身でしかありません。そして、自らが本来あるべき状態へ回復しなければならない。そうした意志を持った時、そのための手助けを周りの人たちがしてくれていることに対して自然と感謝の気持ちが湧いてきます。もしかしたら、本来あるべき状態へ回復しないかもしれない。しかしながら、肉体を超えて心が未来を描き続けるのならば、きっと笑顔になれるのだと私は信じています。

これを積極的な治療（回復）と呼んで、大切にしています。

また運動能力の向上のためのトレーニングに関しても「今ある状態を強化」するのではなく

「本来あるべき状態への回復」を目的にしています。たとえば、いかに動きの優れたスポーツ選手がいたとしても、それが本来あるべき状態のパフォーマンスを発揮しているとは限りません。各競技の世界で鎬《しのぎ》を削っている彼らは、私たちにとってスーパーマンのような存在です。しかし、現場では常に怪我と戦い、その中で運動能力の向上に励んでいるのです。もしかすると、本来あるべき状態にある選手というのは、世界中を探したとしてもほとんどいないのかもしれません。

また、運動能力の向上において本来あるべき状態というものが、実際にはどのような状態であるのかということは、私自身がそこへ至っていないので、未知の世界ではありますが、私が見る限り多くの選手はまだまだ伸び代を残しています。それは、「回復すべきことが残されている」と、言い換えても良いでしょう。

なにより「回復すべきこと」というのは、重力下における立ち位置です。地球上で動くヒトである限り、この力（重力）を避けて通ることはできません。そして、立ち位置を獲得するためには、地に足をつけるための回復が必要になってくるのです。

## 5 「痛み」をとる治療、「感覚」を取り戻す治療

私は二〇代から三〇代前半まで「痛み」をとる治療に心血を注いでいました。

患者さんは、腰痛や膝痛、不定愁訴《ふていしゅうそ》などを訴えられます。私はカラダ各部の痛み（骨折、感染

症、悪性腫瘍などを除く筋骨格系疾患）に対して問診、視診、触診をおこない、状態を把握していきます。このころは、痛みの原因が筋肉にあると考えていました。何かしらの理由で筋肉の調節機能に問題が生じ、それを知らせるのが疼痛《とうつう》と考え、痛みを訴える患者さんの全身の筋肉を起始部から停止部にかけて問題のない側（健側《けんそく》）と比較しながら丁寧に触察していきます。筋肉の形、走行、硬さ、異なる箇所、温度などをみながら、筋肉の緊張の高い箇所や収縮の強い筋線維に、手技で摩擦、圧迫刺激を加えて変調を改善していきました。

施術効果としては、痛みが軽減する、消失する、まったく変化なしの三パターンです。痛みが軽減する場合は、数回の施術で治癒することがあれば、いつまでもグズグズと痛みが治まらないものまでありました。痛みが消失する場合は、急性期でも軽い症状のことが多かったです。まったく変化なしの場合は、私の深層筋へのアプローチ技術が未熟なためだと考え、さらなる技術訓練に励みました。

しかし、二〇〇〇年に治療院を開院したことで疑問が生じました。

患者さんたちは「また、痛めてしまった」と口を揃えていいます。つまり「再発」ということなのですが、これまでは気にも留めなかったけれども、もしかしたら本当は治っていなかったのかもしれない……と考えるようになりました。そのことがきっかけで運動療法の研究にのめり込み、自分自身も実践者となりカラダを動かしはじめたのですが、二〇〇四年に先述したとおり末梢神経麻痺へと至ることになります。

末梢神経麻痺のリハビリで学んだことは「**運動とは知覚、知覚とは運動**」ということでした。運動神経と感覚神経（知覚神経）はワンセットになっています。運動神経は脳、脊髄から出て骨格筋を支配し、感覚神経は骨格筋、関節、感覚器からの情報を脳、脊髄に伝達します。運動神経（遠心性）と感覚神経（求心性）は対を成すものであるから、運動療法という呼び名は運動感覚療法にした方がよりわかりやすいと思います。

痛みには表在感覚の痛覚と深部感覚の痛覚があります。

表在感覚の痛覚は、針で皮膚を刺したときや急性の鋭い痛み（一次痛・Aδ線維）。

深部感覚の痛覚は、慢性痛などのうずくような鈍い痛み（二次痛・C線維）。

痛みは他に内臓痛覚があります。

痛みのメカニズムについては未だ解明されていませんが、末梢神経麻痺の経験を踏まえ、私なりに推測してみたいと思います。痛みは、骨格筋、関節、感覚器と脳、脊髄の経路内で起きた**問題に対しての警告**なのではないでしょうか。たとえば、深部感覚には痛覚の他に位置覚、運動覚、抵抗覚、重量覚、振動覚があります。一方で慢性痛の患者さんの多くは、位置覚や運動覚などが鈍い。具体的には、脛の骨が傾いていることに気づかない、股関節の位置がわからないなど骨格の位置が不確かな状態にあります。深部痛覚とは、深部感覚が鈍くなることによりカラダに害が及ぶことに対する警告なのではないだろうか、と。

また、私は足の指の伸筋と屈筋、下腿の伸筋と屈筋が運動不能になり、完全麻痺の状態で感覚の異常という恐怖に襲われました。これは、痛覚とはいえないので、深部感覚の受容器から感覚神経の経路が残っていたとは考え難い。そこで思い当たるのが「幻肢痛《げんしつう》」という難治性の疼痛です。手足を切断することで存在しないはずの部分に感覚を感じることがあり、これを「幻肢」といい、幻肢部分が痛むことを「幻肢痛」といいます。これも実体は明らかでないが、「感覚の異常」のメカニズムと似ています。

私の麻痺側の脚は切断されてはいないものの、どこからどこまでが脚なのかわからない状態でした。けれど実際には右下方に肉の塊が存在している。そのような状態に対して不快な感覚を出し続けて自分の脚の存在を示し続ける。それは、おそらく、中枢神経系が関与していて、生体の防衛反応が働いているようでした。もしかしたら「幻肢痛」も自分自身の存在を示そうともがいていることから生まれる症状なのかもしれません。

慢性疼痛のメカニズムも解明されていませんが、長期間、深部感覚の鈍い状態を放置していたとしたら「感覚の異常」や「幻肢痛」でみられるような中枢神経系での生体の防衛反応が働くのではないかと考えています。

私は「痛み」をとる治療にこだわりすぎて「存在」を取り戻すことに気づきませんでした。

さまざまな治療方法でみられることですが、痛みの原因を特定の器官に決めつけてしまうと治癒の時期を逃す恐れがあるので注意すべきだと思います。私は筋肉がすべてだという狭い考えにとらわれていましたが、当然、ヒトのカラダは、それだけで説明がつくものではありませんでした。つまり、痛みが治まらない、変化がない、というのは骨格筋、関節、感覚器と脳、脊髄の経路内で起きた問題に対して解決のアプローチができていなかった、ということなのです。

そして、私は運動感覚療法を研究するようになり、そこで生まれたトレーニングの効果を実感できるようになりました。「存在」を取り戻す治療とは、すなわち「感覚」を取り戻す治療といってもよいでしょう。

**骨格の位置、運動の方向、骨格筋の回復、深部感覚の入力を指導するのがリハビリ・トレーニング**なのです。

## 6 何が治るのか、何が治っていないのか

ヒトのカラダには自然治癒能力が備わっているからと、もっともらしい説明を聞いたことがありますが、放置しておいても治るものと治らないものがあります。たとえば擦《す》り傷は治りますが、傷ついた深部感覚は治りません。もし、何かの競技の際に負った怪我が治ったように思うのなら、それは「深部感覚は故障中だが、損傷部の筋、関節などが修復されスポーツ競技には適応できる

ようになった」ということになると思います。

当然ながら「治ること」と「代償《だいしょう》（他の部分が肩代わり）して適応したこと」は違います。そのままでは深部感覚が故障中だから、足関節捻挫が癖になるのもあたりまえ、同じ箇所をくり返し痛めるのもあたりまえ、パフォーマンスが低下するのもあたりまえ、となってしまいます。

カラダ各部の痛み（骨折、感染症、悪性腫瘍などを除く筋骨格系疾患）の治療には、深部感覚の評価が必要です。たとえば、足関節捻挫で固定をすると足関節（距腿《きょたい》関節、ショパール関節）は一定期間動かさないことになります。程度にもよりますが筋、腱、靭帯まで損傷が及ぶ場合は、固有感覚受容器の損傷が考えられますし、足関節の運動を制限するわけですから、外部または内部からの刺激が減少し、各感覚の働きは低下します。こうした場合、固定除去後は深部感覚の修復及び運動・感覚のリハビリをおこなうことが大切となります。

私は二〇代半ばに急性腰痛いわゆるギックリ腰を三度くり返しました。

最初の二回は前に少し屈んだときに、残りの一回はマッサージを受けた直後に、いずれも腰部にビキッと縦に痛みが走り、そのまま寝込むというパターンでした。およそ一～二週間ほどで通常の生活に戻りましたが、一か月の間に計三度寝込んだことになります。

最初に、前に屈んでギックリ腰をやった時は、周りには鍼灸師や柔整師などの施術者ばかりがおりましたので、いろいろな人がみてくれました。効果があったのか、なかったのかよくわかりませんが、期間からすると「日にち薬」が効いたのだと思います。

しかし、治ったと思っていた矢先、再びギックリ腰で寝込みました。とにかく、トイレへ移動する際に這っていくのですが、腰の位置が少しでもぶれようものなら激痛で意識が飛びそうになります。一刻も早く激痛が治まるのを祈ったものでした。

二度目のギックリ腰が治まり、もうこりごり、くり返さないように予防のため施術を受け、腰や臀部の筋肉に指圧や揉捏《じゅうねつ》などの手技療法をしてもらいました。ところが、施術が終わりベッドから降りて立ち上がろうとするのですが、足腰に力が入らずにうまく立ち上がれません。その瞬間、腰部にビキッと縦に痛みが走りました。そして三度寝たきりになりました。

治療に行っているのに、治療が終わった瞬間に疾患が再発する……。もう私には何が何だかさっぱり理解ができませんでした。その後も度々腰痛に悩まされましたが、原因がわかるまでにはずいぶん時間がかかりました。

治ったように見えて、治っていないものがあります。

レントゲン、ＣＴ、ＭＲＩ検査をしても画像にそれは映りません。

それは、深部感覚です。

ヒトのカラダには自然治癒能力が備わっていますが、何でも放置しておけば治るということではなく、きちんと治癒に導かなければならないものがあることを忘れてはいけません。

## 7「治して欲しい」「治してやろう」が招く悲劇

もし私の脚が不自由になったとき、治して欲しいと願い、他の誰か（外部）へ助けを求めていたとしたら、今のような状態に両脚が戻ってくることはなかったと思います。擦り傷などの外傷でない限り、深部感覚を失った状態は、自分が内部環境を変えるより他ありません。深部感覚はすべての人の中にありますが、自分以外が感覚を拾うことはできないのです。

私が大学卒業後、柔道整復師、あん摩マッサージ指圧師の国家資格を取得したのは、怪我で困っている人の役に立ちたいと思ったからであったのですが、そのころ追求していたのは治すための技術でした。つまり、患者さんのためといいつつ、腕磨きに励んでいたのです。

結局、ヒトを診ず、症状ばかりを追っていたといってよいでしょう。これでは、内部環境について知る由もありません。患者さんの痛みや症状が再発し、また自分自身のぎっくり腰が再発するのはあたりまえだったのです。

また、治療院にいらっしゃるのも「治して欲しい」という患者さんばかりでした。外部環境しか知らない一方通行の施術者ではできることがしれています。内部環境を置き去りに何ができるでしょうか……？

辛い胸の内を聞いてあげることでしょうか。それとも痛みを和らげるために擦《さす》ってあげることでしょうか。そうしていて治るものもあるでしょう。しかし、いらした患者さんのほとんどは根本的に治らなかった（再発した）わけです。

その後、内部環境という世界を知ってからは「治して欲しい」という患者さんに対して積極的に運動療法の指導をはじめました。ところが、小難しいことはわからない、三日坊主、痛みを取ってくれればいいなど、当然、患者さん自身の思考が簡単に変わることはありませんでした。

一方で私は内部環境の世界を知れば知るほどに人に触れることをためらうようになっていきました。なぜならば、治して欲しいという希望に応えることで、根本的な治癒を断念するように思えたからです。

あるとき、街角で見覚えある患者さんがニコニコと話しかけてきました。聞けば股関節の手術をしたのだとおっしゃいます。動作の制限はあるものの、痛みは少しマシになったとのこと。

――たしか、痛みをとってくれればいいとおっしゃっていた方でした。それを聞いて私はとても残念な気持ちになりましたが、本人が納得しているようなので「よかったですね、お大事にしてください」とその場は体裁を保ちました。

しかし、自分の無力さに打ちひしがれていました……。

けれども、あるひとりの青年の回復が私を奮い立たせることになりました。彼は股関節の手術を一か月後に控えていたのですが、その間できることをやってみようと考え、私を訪ねてきてくれたのです。何とか手術を回避したい、と強い気持ちを持っていました。その意気込み通り、真剣に運動療法に取り組み、その結果、杖を手放し、痛みなくスッと立ち上がることができるようになりました！

立ち上がることができたその瞬間の映像は、私の脳裏に今も鮮明に残っています。

「治して欲しい」と「治してやろう」は無力でも、「治したい」はアプローチ次第で何倍もの力になるのだと思います。ただ、人それぞれの考えがあり、人それぞれの求めがあります。その人が考えていること以上も求めていること以上も、深入りは得策でないと自分を戒めています。

## 8　失われた感覚をどうやって取り戻すか

右脚の末梢神経麻痺が起こった時、私は運動と感覚を失った右足が、しっかりと骨でカラダを支えるように、右の足首を両手でつかみ（位置覚の入力）、脛の骨が地面にまっすぐ立つように重さをかけました（重量覚の入力）。そのとき感覚がない脛の状態は手応えを通して「**まっすぐ感**」を得ていました。

感覚のないものを通して、まっすぐ感が得られるのか？　という疑問が起こるかもしれません。

まず、右足の深部感覚では感じることはできませんでした。対して、何で感じ取ることができるというのかというと「手応え」なのです。

たとえば、手元のボールペンの端に人差し指を添えて机の上に垂直に立たせてみてください【図5】。そのとき垂直に立った長軸方向への「手応え」はしっかりと感じ取れるはずです。机の面と接触するボールペンの先の感じもわかるのではないでしょうか。それに視覚が加わればさらに「手応え」を感じることが容易になります。

図5：ボールペンを立てる

考えてみれば人はカラダの延長にあるものを感じることができるわけです。

靴の踵あるいは女性ならハイヒールの踵の先端を感じることができるのではないでしょうか。

かつて、私が一輪車を練習していたとき、路面とタイヤが接触する感覚や小石を踏んだ感覚などもわかりました。また、野球の選手からバットは腕の延長、グラブは手そのものという表現を聞いたこともあります。おそらくこれらは、表在感覚の触覚、圧覚、深部感覚の抵抗覚などが関係しているのだろうと思います。

表在感覚（皮膚感覚）の触覚と圧覚は、皮膚の表面に触れたとき、あるいは圧迫や牽引《けんいん》によって皮膚が変形する刺激によっておこる感覚です。深部感覚の抵抗覚は、物体を押してその硬さがわかる感覚、また自分のカラダに力がかかっていることを感じ取る感覚です。

運動と感覚を失った右脚はただの肉の塊でした。ですが、その中に脛という棒（脛骨）があることは手からも感じ取ることができます。机の上にボールペンを垂直に立てるのと同様、私は脛という棒（脛骨）を床に対して垂直に立てることをくり返したのです。

手の触覚・圧覚・抵抗覚・目の視覚から脛骨の垂直位置情報を拾い、長軸方向へ重さをかけ続ける。その積み重ねは右脚に深部感覚（位置覚、重量覚）を取り戻し、さらにその「存在」を実証したのです。

## 9　感覚を拾うということ——違いを自分で感じることが感覚のリハビリにつながる

私は深部感覚を入力する際に「**感覚を拾う**」という表現を使っています。

たとえば、エクササイズ10（一四一ページ参照）で詳しくご紹介しますが、脛の骨（脛骨）の垂直方向を入力するとします。そのとき、目や手足の感覚器を通して脛の骨（脛骨）の垂直位置を探りだし、声に出してスリーカウント数え、その新たな位置を脳に上書きしていきます。そうして垂直位置を探るとき、目で見て、手で感じて、足で感じて、これらの情報を総合的に処理し脛の骨（脛骨）を描き出していきます。

そのときの外部環境には人、音、光、臭い、風、温度、湿度などさまざまな刺激があります。また、思考も人それぞれであり、外部および内部には数多くの刺激があるわけです。この中から深部感覚に関する刺激を選択していきたい。そのため多くの中から必要なものを選び取るという意味として「感覚を拾う」という表現を用いています。

人間は、自分になくて他人にあるものはよく見えます。日常的におこなっているので、視覚を通して外部の情報を得る感覚は厚いといえます（外部の刺激）。しかし、日常的にほとんどおこなうことがないので、深部感覚を通して情報を得ることは鈍いでしょう（内部の刺激）。同様に、頭で考えることは得意ですが、カラダで考えることは苦手だといえると思います。

そして、自分と他人の違いはよくわかりますが、「自分」と「中の自分」の違いはよくわからない。実感と事実のズレというべきか、深部感覚のズレが生じていることにもほとんど気づくことはありません。

本書でご紹介する深部感覚のアプローチは外部環境ではなく、内部環境の「あるもの」と「ないもの」を見ていきます。具体的には三つのポイントとなる深部感覚の「位置覚」「運動覚」「重量覚」が「ある」／「ない」を見ていく。しかし、神経麻痺でもない限り深部感覚が「ない」ということはなく、多くは「鈍い」感覚に対してのアプローチをすることになります。深部感覚が鈍くなっていると、たとえば脛の骨（脛骨）を垂直にするエクササイズで、そのようにセットしてもらった場合、脛の骨（脛骨）が内側に傾いているにもかかわらず、それに気づきません。また、自身では脛の骨（脛骨）が真っ直ぐだと思っていても後ろに傾いたりする。ここが脛の骨（脛骨）の垂直だ、という位置の感覚において、実感と事実がずれてしまっているのです。

脛の骨（脛骨）の垂直位置は、手応え（手の触覚・圧覚、位置覚、抵抗覚）、踏み応え（足の裏の触覚・圧覚、位置覚、重量覚）で知ることができます。入力において、数ある刺激の中からそれらの「感覚を拾う」というのがエクササイズの中核になります。

脛の骨（脛骨）の垂直位置を入力後、感覚を拾えているのかを確認することができます。その方法は、立ってみて（立位）、両足の違いを感じてみるということ。シンプルです。深部感覚を入力した足が軽い、接地がやわらかいなどの変化を感じることができたら、感覚を拾うことができて、脛の骨（脛骨）の垂直位置が入力されたということになります。

逆に変化を感じられないときは、感覚を拾えていない、あるいは何をすべきなのかきちんと理解できていない、などの理由が考えられます。しかし、感覚は人それぞれ、効果も人それぞれです。まずは効果を引き出せるように左右の違いを感じ取ることが大切になります。

これは、自分が自分の施術者になってカラダを整えるようなもの。コツがつかめたら自分で自分をリハビリできるようになり、ヒトが本来あるべき状態へ回復する積極的なリハビリになると私は考えています。

## 10 深部感覚の役割

深部感覚とは、皮膚や粘膜の表面ではなく、それより深部に存在する筋・腱・関節・骨膜などにある受容器によって起こる感覚で、固有感覚ともいわれています。位置覚（カラダの各パーツの位置）、運動覚（関節運動の方向・運動の状態）、重量覚（重力の大きさ）などを感知する感覚です。人は深部感覚によって、眼を閉じていても手の位置や曲がりぐあい、その動きを感じることができます。

実はもっとも身近な感覚でありながら、しかし私たちの意識にほぼ上らない感覚です。つまり、深部感覚は「無意識」の感覚ともいえます。そして、深部感覚を失った状態は「無」であり、まさに私が経験した末梢神経麻痺がそうでした。

もし深部感覚がなかったとしたら、運動に際しては視覚と触覚を頼りにする他ないでしょう。目で見て自分の姿を映し出し、手で触って自分の存在を確かめる。自分の中身は知る術がなくなります。さらにこの視覚と触覚による確認ができない場合はどうなるでしょうか。自分と空間を区別することができなくなっていきます。

自分は空間の中に溶け込んで、自分と空間の境目がない。つまり、どこからどこまでが自分なのかわからない状態。それは空間の中に自分の意識だけが存在し、自分という実体がなくなってしまうことに近い状態です。

現代人には内部の受容器に対する刺激が減少しています。そのため極端に深部感覚が鈍くなりました。それは、自分のカラダを頼りにしなくても不自由なく生活できる環境に人類が発展したことが影響しているのかもしれません。けれどもその一方で、多くは自分の中の自分を見失うことになっているのかもしれません。

たとえば、猫背が気になって姿勢を正そうとします。しかし、気を抜くとすぐに元の猫背に戻ってしまう。ある人は彼／彼女のことをやる気がないといい、もっと姿勢を正すことに集中するよう促す。

彼／彼女はもしかしたら集中力が足りないのかもしれないし、もしかしたら深部感覚が鈍く「無」に近い状態にあるのかもしれない。

深部感覚は筋の中にある筋紡錘《きんぼうすい》、腱の中にある腱紡錘《けんぼうすい》、関節包の中にあるルフィニ小体やパチニ小体からのインパルスが小脳及び大脳に伝えられ、カラダの位置、姿勢を知ります【図6】。もし、深部感覚が鈍くなっていてカラダの位置、姿勢がわからないのなら深部感覚を厚くする必要があります。

## 位置覚

位置覚は四肢やカラダの各部の位置関係がわかる感覚です。この感覚があることで自分のカラダがどこからどこまでなのかがわかります。逆にこの感覚がないと自分のカラダがどこからどこまでなのかがわかりません。この感覚が鈍いとカラダのどのパーツを動かせばよいのか不明瞭で雑な動きになります。つまり、自分のカラダという存在を形づくる上で基礎となる感覚といえるでしょう。

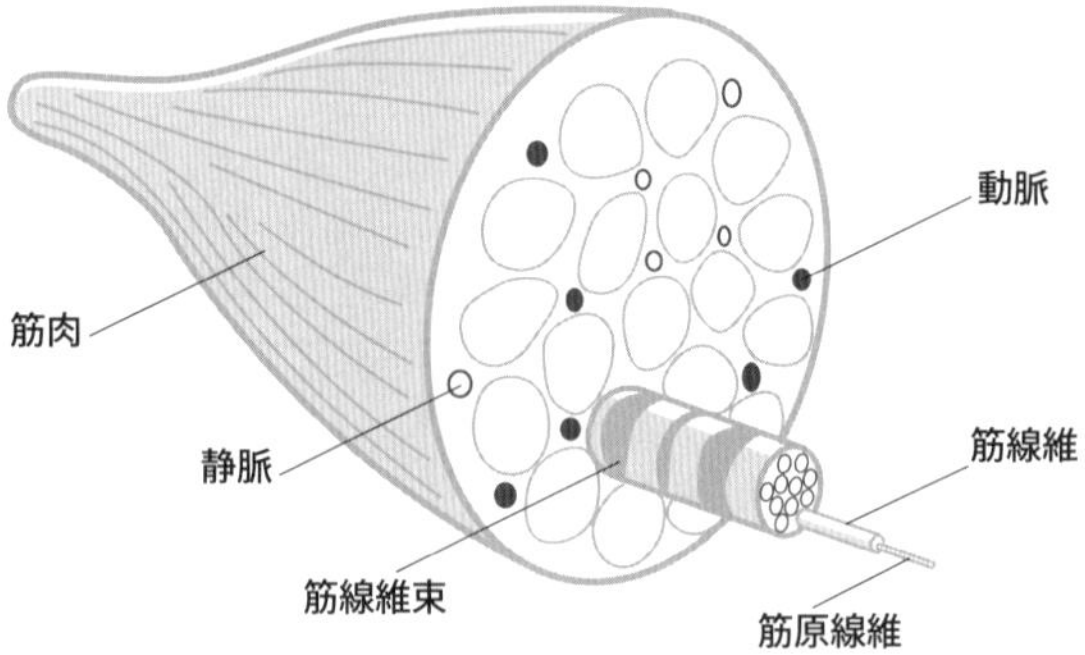

図6：筋紡錘

## 運動覚

運動覚は関節運動の方向や運動の状態がわかる感覚です。この感覚があることで立って、歩いて、走ることができます。この感覚がないと運動の状態がわからないから、関節の可動範囲を越えていたとしても、足の裏でなく足の甲で接地していたとしても、それに気づかずカラダを壊す恐れがあります。つまり、自分の外部または内部の情報を知る上で動くということの基礎となる感覚といえるでしょう。

### 重量覚

重量覚は物体を持ってその重さがわかる感覚です。それは重さの違いがわかるということでもある。また、自分の重さを知る感覚であり、重力を無理なく受けて、衝撃を和らげるために圧を分散した接地を知る上でも重要です。この感覚が鈍いと雑な接地で圧を集中させていてもカラダにダメージを蓄積していることに気づかないので、カラダを壊す恐れがあります。つまり、ヒトが重力下という環境で生きる上で、重力の大きさを知る基礎となる感覚といえるでしょう。

深部感覚トレーニングにおいては、これら三つの深部感覚に対し適切に入力をすることで、それらの感覚を目覚めさせ、活性化することを目標としています。

## 11　人間は知らずに重力と付き合っている

未だ二本の脚で大地に立ったことがない赤子、あるいは何かの理由で大地に立つことができない者にとって、大地に立つということは世界を変える一大事になるでしょう。

地球上の物体には、すべての部分に地球の中心に向かう重力が作用しています。立つということは、重力の方向とは反対の、地面から離れる方向へカラダを位置し、重力を受ける行動（運動）です。しかし、私たちにとって最も身近な重力とは、まだその働きが解明されていない謎の力でもあります。ですから、私たち人類が、この地球上で立って動いている事実は凄く不思議な話なのだろうと思います。


私はいつからか立ってカラダを支えるためには、重力に抗《あらが》う強い筋肉が必要だと思い込んでいました。しかし、脚が不自由になったときに必要だったのは、強い筋肉よりも立ち上がるための勇気、そして、立ちつづけるためにはさらなる勇気が必要でした。

不自由な足を地面に突き立てて、二本の脚で重力の方向と反対へ向かうと、目線がじわりじわりと高くなり不安定感が増します。私の意識に反応しない筋肉たちは、この不安定な二本脚の直立に参加してくれません。不安定な右脚を支えているものは無反応な肉の塊の中心にある骨でした。足首は背屈固定してあるものの、骨を立ててバランスをとることが難しい状態。グラグラと揺れながらも二本の脚で大地に立ってみると、足元から、カラダの外から、カラダの内から、目に見えない刺激が溢れているのに気がつきました。

ヒトの遺伝子には、重力環境で立つためのプログラムが準備されているのでしょうか、内外の刺激はカラダのシステムを作動させるような予感がしました。

　姿勢の保持や多様な運動を実行するのは、重力との関係で容易にも困難にもなります。姿勢や運動を感知する深部感覚、触覚や視覚の情報が中枢神経系で処理され、四肢や体幹《たいかん》の関係が重力とバランスをとるように全身の筋肉を調節する司令を出します。立つために骨で支えることができるのなら、後はそれを調節するための筋肉が作用すれば、特別に強い筋肉はいらないのです。

### 骨の役割はカラダを支えること。

たとえば、脛の骨（脛骨）は垂直に立てることで重力を無理なく受けることができます。とはいえ、自分の脛の骨がどのような位置で立っているのか、通常は気に留めることも少

**図７：脛骨の傾き**

ないことでしょう。私が観察するに、多くの人は脛の骨を傾けている【図7】ので骨の役割が不十分だといえます。そのためにカラダを支える役割は、筋肉に任せて重力に負けまいとがんばっている。それでも、筋力を浪費してカラダに無理をさせていることになかなか気づきません。

重力に対抗して立位姿勢を保持する働きを抗重力機構《こうじゅうりょく》といい、活動する筋肉は抗重力筋と呼ばれています。ですが、筋肉は骨格位置（姿勢）を調節することが役割なので、抗重力筋という名称が構造動作理論には合わないように思っています。重力に抗うとすれば骨の役割の方だと思いますが、重力はヒトが地球上で生きるために必要な力なので、重力を無理なく受けて生活したいと私は思います。

## 12 脳と脊髄を重力から守る姿勢とは

円背《えんぱい》で二つ折りになってしまっている高齢者は、脊柱が重力に潰されている状態にあります。円背とは本来S字カーブを描くはずの脊柱が、何らかの理由で後弯《こうわん》に変形した状態（背中側が盛り上がった状態）。脊柱の天辺にあるはずの頭は前方に位置し、立っているときの姿勢が不安定になるばかりでなく、姿勢を保つのにかなりの筋力を浪費することになります。この状態では動くことが大変なので横になることが多くなり、日常の活動も低下していきます。また、脊柱が後弯しているので胸や腹を圧迫し内臓障害を起こしやすくなっています。

脊柱が重力に潰されるということは、中枢神経が潰されるということです。中枢神経とは脳と脊髄のことをいいます。感覚、運動、意思、情緒、反射、呼吸など、カラダのあらゆることに関する司令塔がそれです。神経組織が集まってできており、目や耳、手足、体幹、内臓などの末梢神経から受け取った情報を処理し、指令を出す役割です。脊髄は、末梢神経から受け取った情報を脳へ送り、脳からの指令を末梢神経に送る。

脳は頭蓋骨で、脊髄は脊柱で保護されています。円背に限らず猫背などの姿勢を崩した状態は、カラダの痛みやさまざまな症状の原因になっていきます。しかし、それよりも問題なのは中枢神経という司令塔が重力で潰されることなのです。中枢神経は厳重に保護する対象であり、一刻も早く問題を回避すべきだと思います。

私も運動療法の実践研究をはじめる以前は、ひどく猫背でした。

二〇代前半、柔道の練習中背負い投げをかわしきれず、頭から落ちて首を痛めました。すぐさま学校付属の病院で検査を受けます。さいわい脳には異常がなく、筋肉の損傷だけでしたが、その時のレントゲン画像が印象的で今なお鮮明に記憶しています。

レントゲン画像の頸椎には湾曲が消失していたのです。いわゆるストレートネックという状態です。これはその時の怪我が原因ではありません。普段の不良姿勢と力任せの柔道で発達した大胸筋により、頭蓋骨を前に傾けている習慣がそのままレントゲン画像に映し出されていたのです。そのため、慢性的な頭痛に悩まされていて、当時は頭痛薬が手放せませんでした。

脊柱は脊髄を保護するとともに、本来S字カーブを描く湾曲によって足元からの衝撃と頭蓋骨の重さを和らげる仕組みになっています。脊柱は脳と脊髄を守っているのです。猫背で脊柱の生理的湾曲であるS字カーブを失えば、司令塔の守りは手薄になります。今考えれば頭痛という痛みの信号は、そのための警告だったのかもしれません（一九ページ、図1を参照）。

まずは、脳と脊髄が重力を無理なく受けるためのの姿勢にセットしてみましょう。

重力を無理なく受けるためにはセットポイントのような重心位置があります。私は重心のニュートラルと呼んでいますが、つまり、重力を無理なく受ける骨格ポジションでの重心位置ということになります。

物体の各部に働く重力を、ただ一つの力で代表させるとき、それが作用する点を物体の重心といいます。そして、重心から地球の中心に向

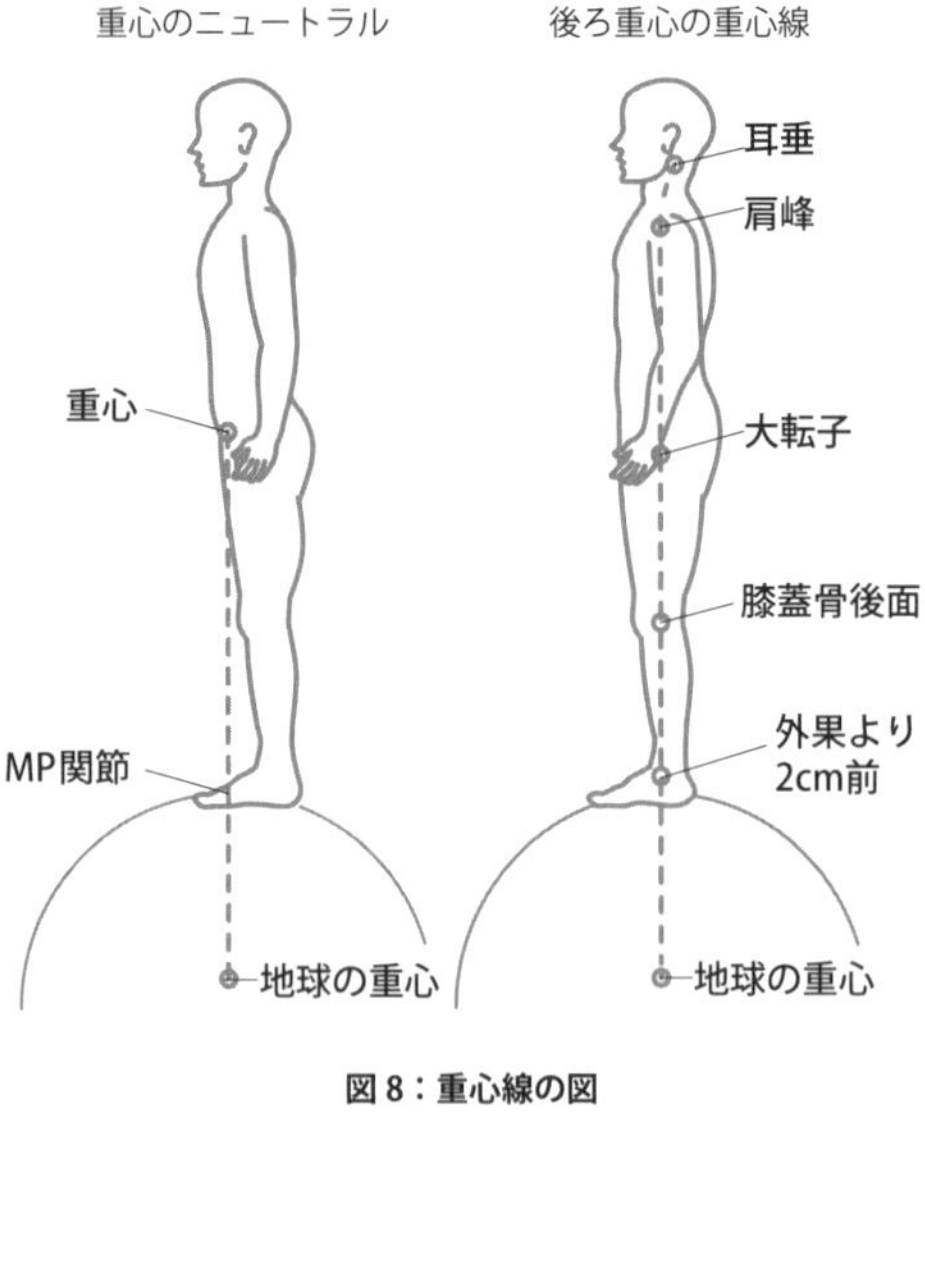


**図8：重心線の図**

から仮想の線が重心線と名付けられています。教科書的には仙骨のやや前というのが重心の位置ですが、私の考えではそれよりも前方のお腹辺りが重心のニュートラルになります【図8】。

つまり、お腹よりも前方は前重心、お腹辺りはニュートラル、仙骨のやや前は後ろ重心ということになります。重力を無理なく受ける姿勢（骨格ポジション）の重心位置はお腹辺りがニュートラルです。この姿勢のポイントは五本の足指のいずれかが浮くことなく、足の裏全体で圧を分散して接地することにあります。

## 13　基本のポーズ

基本のポーズというのは構造動作理論のエクササイズに共通する、指標となる骨格ポジションを求める方法で、深部感覚にアプローチする上でも必要となるものです。

### ✝構成要素

①脊柱は天を目指す（重力の方向と反対へ）。
②足指は地にやさしく接触する（重心前方向へ）。
③両手を合わせてベクトルを貫く（①②のベクトル）。

### †頭のニュートラルポジション

鼻の下と耳の穴の線（鼻《び》棘《きょく》耳《じ》孔《こう》線《せん》）を水平にします。

### †股関節のニュートラルポジション

つま先はやや外、股関節幅に開きます。

### †ベクトルの方向を探る

頭・股関節をニュートラルポジションにして立ちます【図9】。

まず、両腕を伸ばして手の平を頭の上で合わせます。そのとき、脊柱は天を目指してください【図10】。

試しに、伸ばした両腕を後ろへ傾けてみてください。すると、踵加重になり足指が浮くはずです。また、伸ばした両腕を前に傾け過ぎるとつま先加重になり踵が浮き、

図9：
ニュートラルポジションで立つ

図10：
脊柱は天を目指す

足指に力が入り過ぎてしまうでしょう。

伸ばした両腕は、つま先加重の手前辺り、五本の足指が地にやさしく接触するベクトル方向を探ってください。

そのポジションが取れたら足指の感覚に意識を注いでいきます。

### ✝ベクトルを貫く

ベクトル方向を探り、五本の足指がやさしく接触する接地を確認できたら（構成要素①）、脊柱は天を目指し（構成要素②）、伸ばした両腕の指先はさらに斜め前上を目指していきます（構成要素③）。

### ✝重心位置の確認

仙骨辺り：後重心：踵加重で足指が浮く。
お腹辺り：重心ニュートラル：五本の足指が地にやさしく接触。

つま先加重　　踵加重

お腹の前辺り：前重心：つま先加重で踵が浮く（足指が力み過ぎ）。

## EX-1：基本のポーズ【図11】

ベクトルを貫くポジションが理解できたら、基本のポーズに移ります。

**1** 頭・股関節ニュートラルポジションで立つ。

**2** 両手をカラダの側面を通して前方から高くベクトル方向へ挙げる（この時、手の平が上になる）。

**3** ベクトルを貫く（両手の平を合わせる）。

**4** 両肘を軽く曲げながら、腕が水平になるようにゆっくりおろす。こ

図11：基本のポーズ

前腕を回内する　腕が水平になるようにおろす　ベクトルを貫く

のとき、力こぶが上を向く。

**5** 力こぶの位置をキープしながら肘の外側の関節（腕橈関節）から前腕を回内する。このとき、力こぶ（上腕二頭筋）が一緒に内旋（内に回ってしまうこと）しないように上腕をキープする。

**6** そのまま体に沿って腕をおろして、まっすぐに立つ。

**7** 床や椅子の背に手をつくとき、デスクワークやランニングのときは、小さく前へならえの位置に手を持っていく。このとき、上腕のポジションは力こぶが正面にくる。

＊**ポイント…**膝が伸展して足もとを固めやすいので、力みを感じたら足を軽く踏み替えてやさしく足指が地に

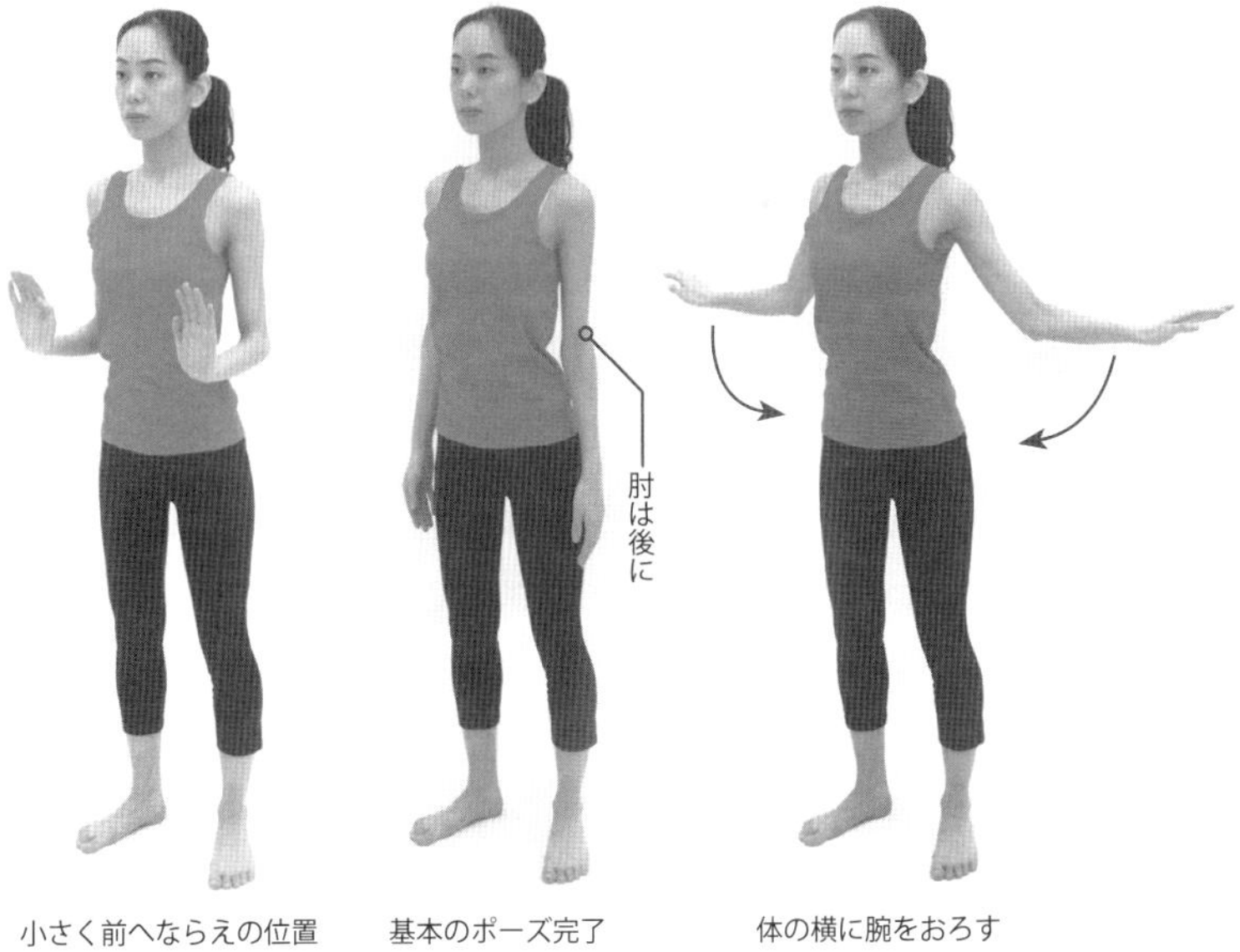


小さく前へならえの位置　基本のポーズ完了　体の横に腕をおろす

接触する接地を心がける。脛の骨（脛骨）が垂直に立ちやすくなる。

5から7へ手をおろすときに胴体を後方へ移動させて元の位置に戻してしまうと反り腰になるので注意。反り腰にならないようにするために、最初はペアで肩甲骨の間あたりをサポートしてもらうとわかりやすい。まずは、基本のポーズで胴体を後方へ戻さない位置に慣れることからはじめる**【図12】**。

頭の位置は鼻棘耳孔線を水平に保つこと。顎を引き過ぎたり、突き出したりに注意する。

この基本のポーズでは、重心のニュートラルを明瞭にしていきます。まっすぐに立つということは、いつでも動き出し可能なポジションであり、このリハビリ・トレーニングの目指すところは重心がスムーズに移動するヒト本来の運動に回復することにあります。

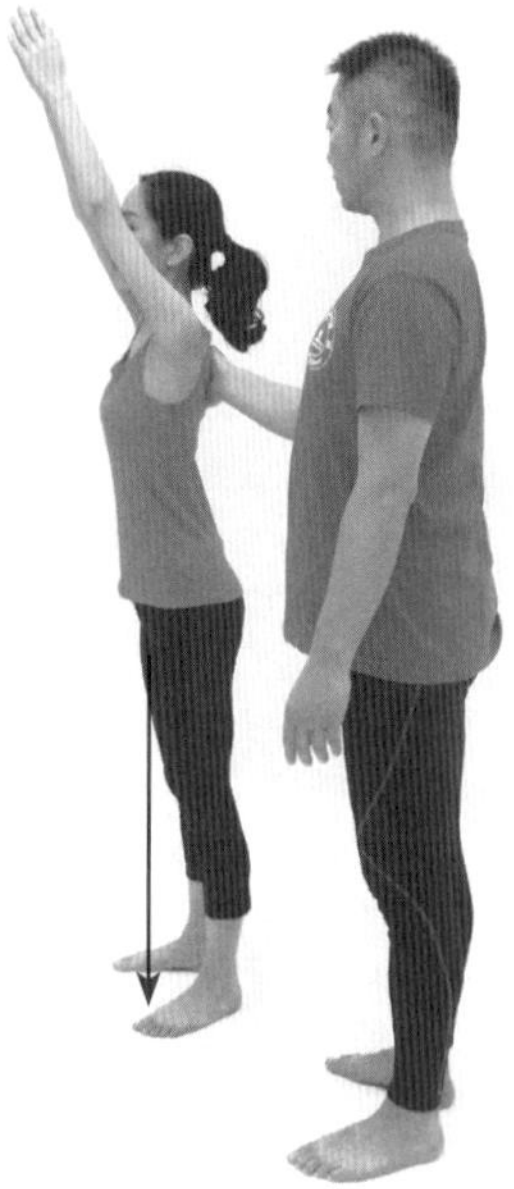

サポートによって正しい位置を覚える

**図 12：反り腰になってしまう場合**

「重心とは何か」に関する見解は諸説あると思いますが、私は「足指を地にやさしく接触する」という指標があれば大きく理論を反れることはないと考えています。

ただし、現代人は著しく足指の機能が低下しているため「足指を地にやさしく接触」することができる足の回復を必要とします。つまり、「**フラット接地**」が可能な足への回復です。フラット接地とは、五本の足指を含む足裏全体で圧を分散して地に接触することです（二一一ページ以降でエクササイズを紹介しています）。適切な接地なくして立つということは語れません。

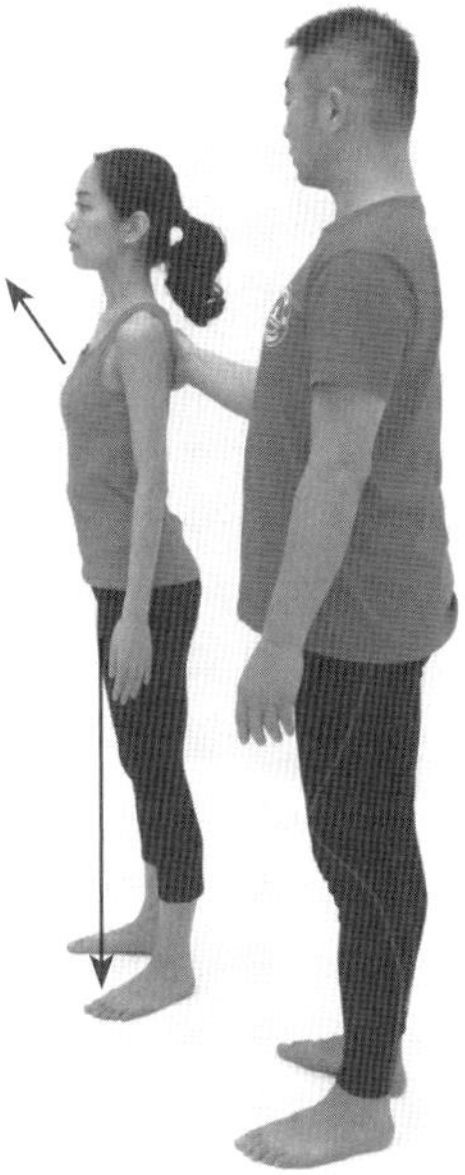

重心のニュートラルを明瞭にすることは、そのための骨格ポジションでなければ実現しません。深部感覚アプローチと基本のポーズを行き来し、カラダの外部の情報ばかりでなく内部の情報を拾い集め、カラダの各パーツを定位置に置く。そうすることで、骨格ポジションを回復することができるようになります。

カラダの各パーツには、それぞれの役割があります。
足は大地と接触し、頭は天をつらぬく。
手は空間を探り、胴体は時空を移動する。

基本のポーズは、これらを実現するために骨格ポジションをまとめ上げるものです。すべての基本が詰まった動作なので、じっくり練り上げることが大切になります。

## 14 実感と事実のズレを認識する

円背や猫背など脊柱が重力で潰される姿勢では、深部感覚が鈍くなっています。そのため、自分の脊柱が重力で潰されていることに気づいていません。その状態をイメージするにはプラスティックの下敷きを机の上に立てて、上から指先で軽く抑え込んでみてください。すると弓なりにしなると思います。この弓なりの程度が円背や猫背ということになります。本来のヒトのカラダの構造であれば、弓なりではなく、ゆるやかなS字湾曲で重さを和らげることができます。重力を弓なりで受けると潰れてしまいますが、S字湾曲で受けると潰れないのです。

## EX - 2：ペアになって脊柱を確認する【図13】

1受け手は、あぐらで座り姿勢を正します。

2パートナーは、相手の後ろから両肩に手の平を当て、ゆっくりと真下に重さをかけてください。

3このとき、互いに脊柱がどのような状態なのかを感じていきます。

＊**ポイント…**決して互いに感じたことを声に出さないようにすること。感じたことは感じたままでしまっておく。
真下に重さをかけるときは、反動をつけない、力任せにしないで、じっくりゆっくりと体重をあずけていく。

両肩から真下に重さを受けて、体幹が崩れてしまう場合は、脊柱が重力で潰される姿勢になっていると考えられます。

図13

圧に負けると体幹が崩れる（骨盤後傾）

ペアになって脊柱を確認する（骨盤前傾）

●弓なり……脊柱・体幹が潰れる、崩れる、頼りない、不安定etc
両肩から真下に重さを受けて体幹が崩れない場合は、脊柱が重力を無理なく受ける姿勢になっていると考えられます。
●S字湾曲……脊柱・体幹が潰れない、しっかりしている、芯が通っているetc

体幹が崩れなかったとしても、さらなるベストポジションを求めましょう！

## 15 頭蓋骨をセットしてみよう

頭蓋骨は二二個の骨がジグソーパズルのように組み合わさってできています。その中には脳、視覚器（眼）、平衡聴覚器（耳）、鼻腔《びくう》、口腔《こうくう》を収容し保護しています。ヒトの頭の重さは平均して五キログラムだといわれています。五〇〇ミリリットルのペットボトルだと一〇本分の重量です。この重さを脊柱の天辺に乗せてバランスをとっているわけです。もし不良姿勢で頭を前に傾け続けていたとしたら、頸椎が重さに耐えかねてストレートネックになってしまっても不思議ではありません。

とはいえ、頭を脊柱の天辺に乗せるとはどのようなことなのでしょうか？

## 頬のラインで斜め上方向に

頭のニュートラルポジションは鼻棘耳孔線が水平になった位置です。鼻棘耳孔線とは、鼻の下と耳の穴を結ぶ線のこと。この線が水平になっている状態が「頭蓋骨のニュートラルポジション」だといえるでしょう。

頭蓋骨のニュートラルポジションは、感覚器が機能するポジションです。感覚器には、視覚器（眼）、嗅覚器（鼻）、平衡聴覚器（耳）、味覚器（舌）、触覚器（皮膚）があります（いわゆる五感）。顎を突き出す、顎を引く、などの頭蓋骨を傾けた位置では、五感が鈍ってきます。鼻棘耳孔線を水平に保ち、視野を広げ、香りをかぎ分け、耳を澄まし、味を確かめ、空気を肌で感じられるようにしましょう。

さらに、その状態から「頭蓋骨のセット」をおこない、より五感を研ぎ澄まします。

## EX-3：頭蓋骨のセット【図14】

1 あぐら、イスに座る、正座、立位のいずれかでおこなう。

図14：頭蓋骨のセット

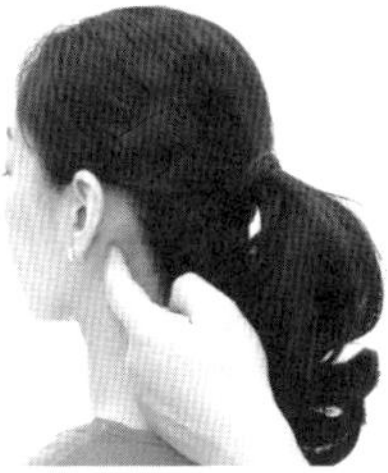

側頭骨乳様突起

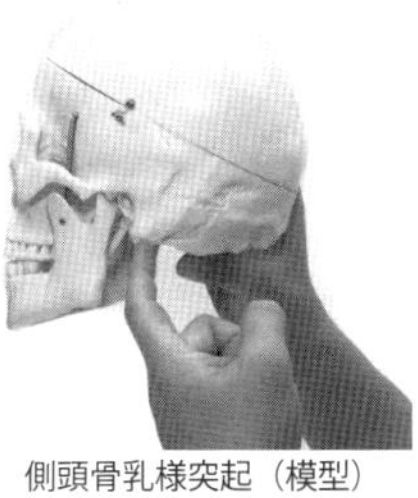

側頭骨乳様突起（模型）

**2** 左右の側頭骨《そくとうこつ》乳様突起《にゅうようとっき》（耳たぶの後ろにある骨の出っ張り）を確認。

**3** 左右の親指をそれぞれ耳たぶの後ろにある骨の出っ張りにあてて、四指・手の平で頭側面を包む。

**4** 肘は正面を向く。

**5** そのまま鼻棘耳孔線を水平に保ちながら頭蓋骨を斜め上方へ（基本ポーズで探ったベクトル方向へ）セットする。スリーカウントした後「セット！」と声に出し、頭蓋骨の新たな位置を脳に上書きする。

＊**ポイント…**頭蓋骨を斜め上方へ移動させるときに、顎を上げ過ぎないように注意。頭蓋骨が傾き頸椎が伸展してしまう。

## 頭の形を知る感覚

あなたの頭の形は、まん丸の球体ですか？

頭側面を包んで、斜め上方へセット

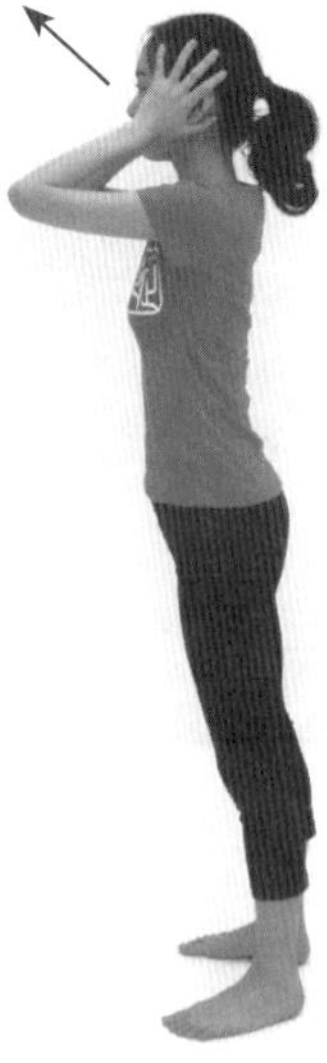

斜め上方へセット

頭側面を包んで

おそらく自分の頭の形を厳密に気にしている人は少ないかと思います。頭の重さは、先ほどと別のものにたとえると、ボーリングの球やスイカと同じくらいだといわれています。

ということと、脊柱の天辺に、球体が乗っているイメージになりますでしょうか。しかし、実際は「球体ではない」頭蓋骨が乗っているのです。

次のエクササイズでそれを確かめてみましょう。

## EX-4：頭の形を知る【図15】

両手で頭を対角線につつむようにして形や硬さを確認する。

- ●左側頭骨乳様突起と右おでこ
- ●右側頭骨乳様突起と左おでこ

いかがでしたでしょうか。左右対称、右おでこが出っ張っている、左側頭骨乳様突起の辺りが平など、頭の形は人それぞれです。そして、球体でない頭蓋骨を脊柱の天辺に乗せて骨格のバラ

図15：頭の形を知る

ンスを取っているのです。いびつな形のものを天辺に乗せているので、バランスの取り方は左右対称ではなく当然誤差がでます。自分の頭の形を知るということはバランスを取る上でとても重要なこととなります。

## 頭と首の境を知る感覚

あなたの頭と首の境はどこでしょうか?

耳たぶの後ろにある骨の出っ張り（側頭骨乳様突起）を左右の指先で確認し、後頭骨《こうとうこつ》の中央まで辿ります。後頭骨中央には小さい突起があります。これを後頭骨の外後頭隆起《がいこうとうりゅうき》【図16】といいます。この乳様突起から外後頭隆起までのラインは、僧帽筋や胸鎖乳突筋などが付着し、後頭部と後頸部にはいくつかの筋肉が走行しています。そして外後頭隆起から前方五センチくらいのところに首の骨（第1頸椎：環椎）があります。

頸の動きに制限のある人は、この乳様突起から外後頭隆起のラインを辿ろうとしても、はっきりしない人が多くいらっしゃいます。これは、深部感覚が鈍くなって頭と首の境を見失っているのです。頭蓋骨のセットをするにしても頭蓋骨の全体像を認識しているのとしていないのとでは、頭のおさまりも違ってきます。

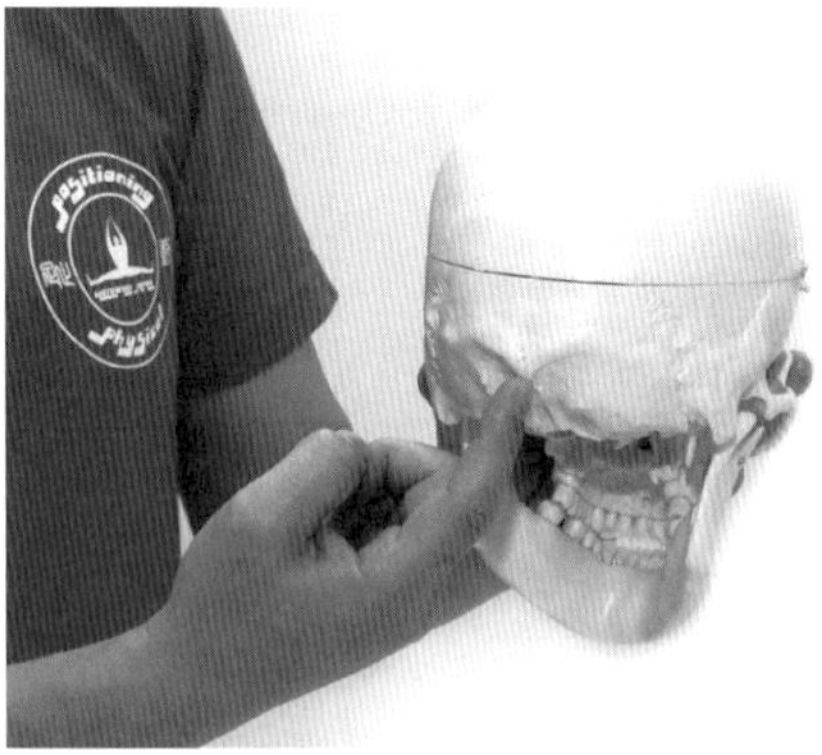

図16：外後頭隆起

指で触って、そのラインを確認してみてください。

## 上あごを持ち上げることで脊髄～尾骨まで引っ張りあげられるように

ペアになって脊柱を確認したときに、両肩から真下への重さによって体幹が崩れてしまう場合は、脊柱が重力で潰される姿勢だとお伝えしました。これは、脊柱が弓なりになっている状態で、この状態では脊柱・体幹が潰れる、崩れる、頼りない、不安定などの感覚がおこります。つまり、脳と脊髄が重力に潰される感覚です。この場合、骨盤と脊柱が後方に位置しており、後ろ重心をカバーするために頭と脊柱が前方でバランスをとっている姿勢なのです。

そのため、脊柱が前後のバランスをとる境目が折れ目になって重さを受けて潰れます。ようするに脊柱が天に向かって立っていないのです。

耳の穴の前にあごの関節（顎関節）があり、下あご（下顎骨）が両耳の前で頭蓋と関節をつくっている。ただし、頭蓋骨のセットには下あご（下顎骨）は含みません。

エクササイズ3でおこなったように頭蓋骨をベクトル方向へセットする際は、脊柱、骨盤までを引き上げ、立てるようにします。そして、頭蓋骨、脊柱、骨盤の位置覚を厚くしていきます。特に頭蓋骨の位置覚の感覚を拾いたいので、それを印象付ける工夫として「セット！」と声を出す。これが、脳に頭蓋骨の新たな位置を上書きする刺激となります。

# EX-5：頭蓋骨をセットして、もう一度、ペアで脊柱を確認する

エクササイズ3をおこなってから、ペアになってもう一度脊柱の状態を確認する。体幹が崩れなくなったらOK。体幹がさらにしっかりしたらOK。細かな変化を感じることが大切になる。深部感覚を厚くして、重力の方向を感知するセンサーを研ぎ澄ますこと。くり返し重力の方向を感知することで、カラダの各パーツの位置がおのずとわかるようになっていく。

まずは、脳と脊髄を重力から守る姿勢を理解していきましょう。

# 第2章

# 感覚からボディーをつなげる——四肢と体幹

## 1　関節の意味と役割

人体には約二〇〇個の骨（成人）があり、これらを可動的に結合しているのが関節です。約四〇〇個あるといわれる骨格筋がこの骨の位置を調節し、関節の運動が可能になっています。関節の結合は、関節包《かんせつほう》、靭帯《じんたい》で補強されています。

もし関節が可動しなかったとしたら、手足を動かせないばかりか移動することもできません。私たちは関節が可動することでカラダを自由に動かし、どこへでも歩いてゆけるのです。

つまり、関節には「重心を移動させる」（＝運動）という重要な役割があるのです。

人類の進化は陸上での生活を選択し、まっすぐに立ち、歩行・走行が可能な骨格ポジションを手に入れました。そして地球上を移動する術を得たヒトは世界中に文明を築き上げます。脊柱の天辺で大きく発達した脳は、高性能コンピューターのごとく無数の情報を瞬時に処理し、複雑な思考、動作を可能にします。現代の科学技術をもってしてもヒトのメカニズムについては未知数でありますが、ゆえに私はヒトの危うさを感じてもいます。

関節や筋、腱、靭帯には固有感覚受容器（深部感覚）があります。これは、外部からの刺激ではなく、**自らの動きによって内部に生じた刺激を感知する受容器**です。つまり、「運動不足」と謳《うた》われる現代人は、ヒト独特の直立二足による歩行や走行などの動きが欠乏しており、つまり、深部感覚を鈍らせているのです。そして深部感覚が鈍ると位置覚、運動覚、重量覚などの感覚が低下するので、運動の状態の把握が困難になり、ますます運動をするのが億劫になると考えられます。私は、こうしたことが現代病といわれる数々の奇妙な病気に影響しているのではないかと推察しています。

## 2　四肢と体幹のつながり構造

全身の骨格は体幹《たいかん》と体肢《たいし》の骨で構成されています。体幹は頭蓋骨、脊柱、胸郭、骨盤からなり、体肢は上肢の骨と下肢の骨で構成されています。

上肢の骨は上肢帯《じょうしたい》（肩甲骨と鎖骨）と自由上肢（肩関節から下）です。下肢の骨は下肢帯《かしたい》（寛骨）と自由下肢（股関節から下）です。

四肢は体幹とつながり、体幹から動きます。

腕は胸から動く構造（鎖骨と胸骨の間の胸鎖関節《きょうさかんせつ》）になっていて、脚はお尻から動く構造（大腿骨と寛骨の間の股関節）になっている。

つまり、**手足は体幹から動く構造になっている**のです。

四十肩や野球肩などの肩関節周囲炎で困っている方のほとんどが、腕は肩関節から動かすものだと思っています。しかし、腕は胸の関節（胸鎖関節）から可動するはずなのです。

また、腰痛や股関節などの痛みで困っている方たちのほとんどが、脚は大腿の前面（鼠径部）から動かすものだと思っています。こちらも、脚はお尻の関節（股関節：ヒップ・ジョイント）から可動するはずなのです。

こうしたことについては、深部感覚が鈍くなった結果、ズレが生じているものと考えられます。治療やリハビリ、または能力向上のためのトレーニングをする以前の最低限のルールとして、四肢はどこから動くのかを知っておく必要があると思います。

## 胸鎖関節

胸鎖関節は、鎖骨と胸骨からなる腕を動かす関節です**【図17】**。骨をたどって、腕と体幹とのつながりを確認してみましょう。

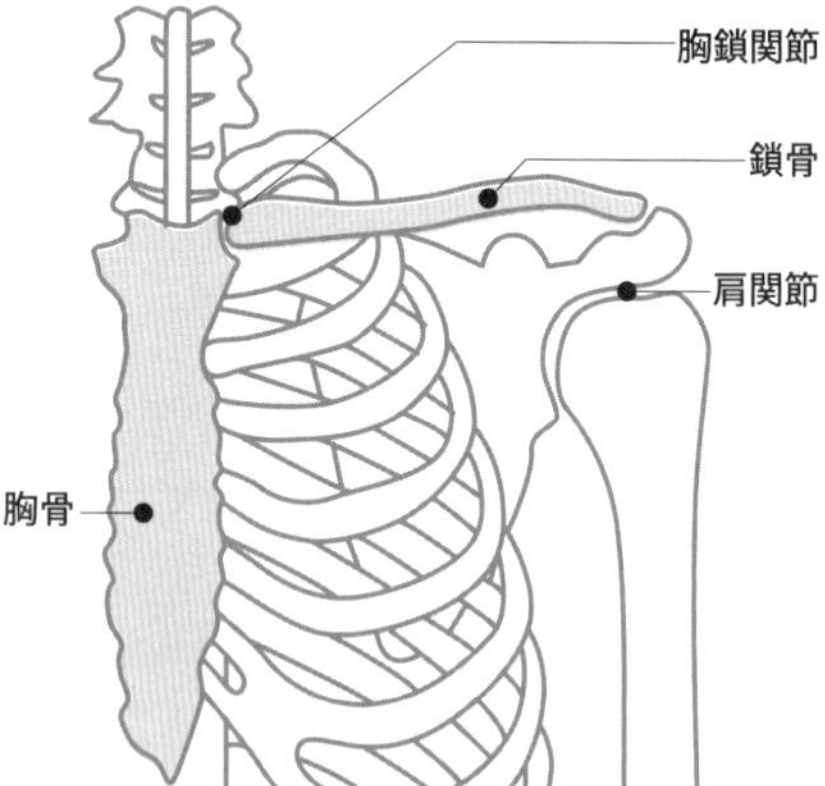


**図 17：胸鎖関節図**

**●鎖骨を辿る：**喉元（頸切痕《けいせっこん》）の鎖骨胸骨端《さこつきょうこつたん》から肩峰端《けんぽうたん》までを指先で辿り、鎖骨のS字に彎曲した形を確認します。続いて、軽く指先でタップしながら鎖骨の形をクリアにし記憶します**【図18】**。

**●胸骨を辿る：**喉元（頸切痕《けいせっこん》）から、鳩尾《みぞおち》の剣状突起《けんじょうとっき》までを指先で辿り、胸骨の位置を確認します。続いて、軽くタップしながら喉元の鎖骨胸骨端と胸骨の接続箇所をクリアにし記憶します**【図19】**。

鎖骨のタップ

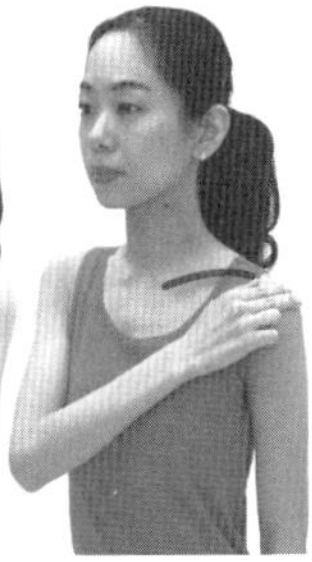

肩峰端の位置
（左肩）

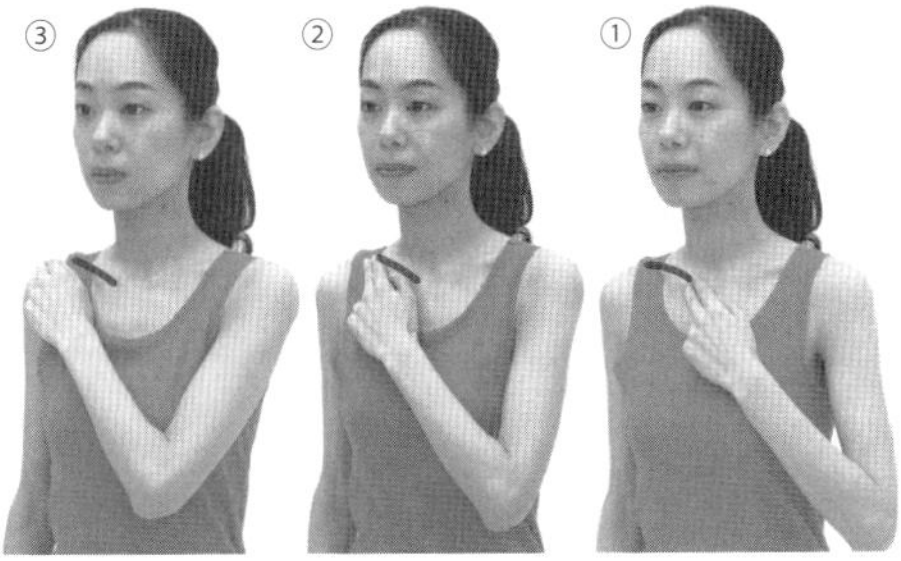


**図 18：鎖骨を辿る**

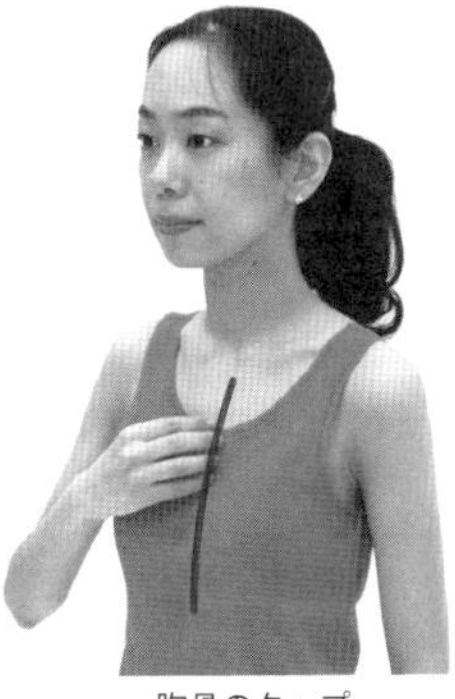

胸骨のタップ

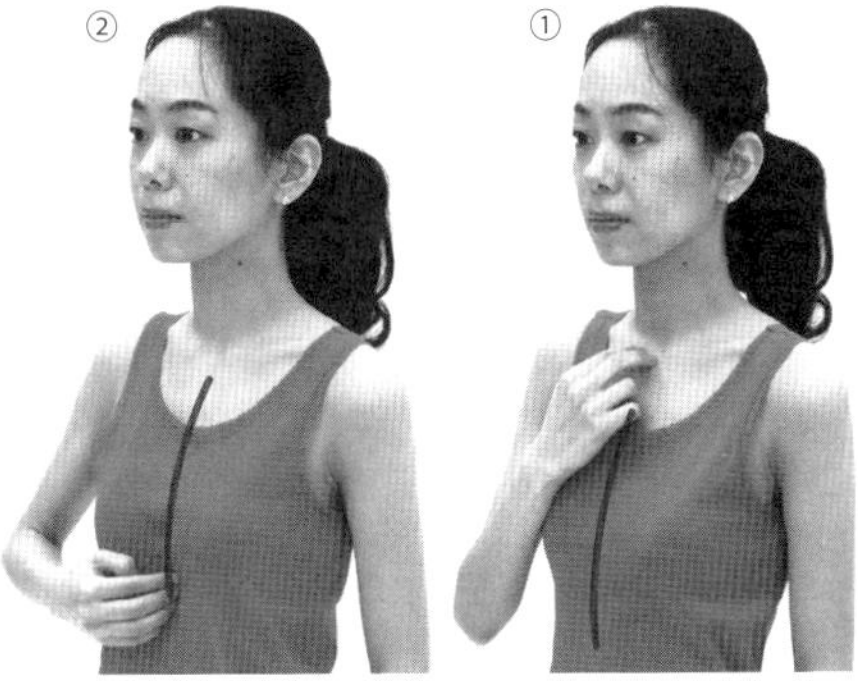


**図 19：胸骨を辿る**

## 股関節

股関節（ヒップ・ジョイント）は、骨盤（寛骨臼）と大腿骨頭からなる脚を動かす関節です。骨をたどって、脚と体幹のつながりを確認してみましょう。

●**大転子を辿る**：大腿骨の上端、指先で大転子の形を辿り記憶する。続いて、指先で軽くタップしながら大転子の形をさらにクリアにし記憶する**【図20】**。

●**股関節の確認**：指先を大転子の後方（お尻側）へやり、股関節（ヒップ・ジョイント）を確認する。指先で股関節に触れたまま左右順に脚を動かして股関節の位置を記憶する**【図21】**。

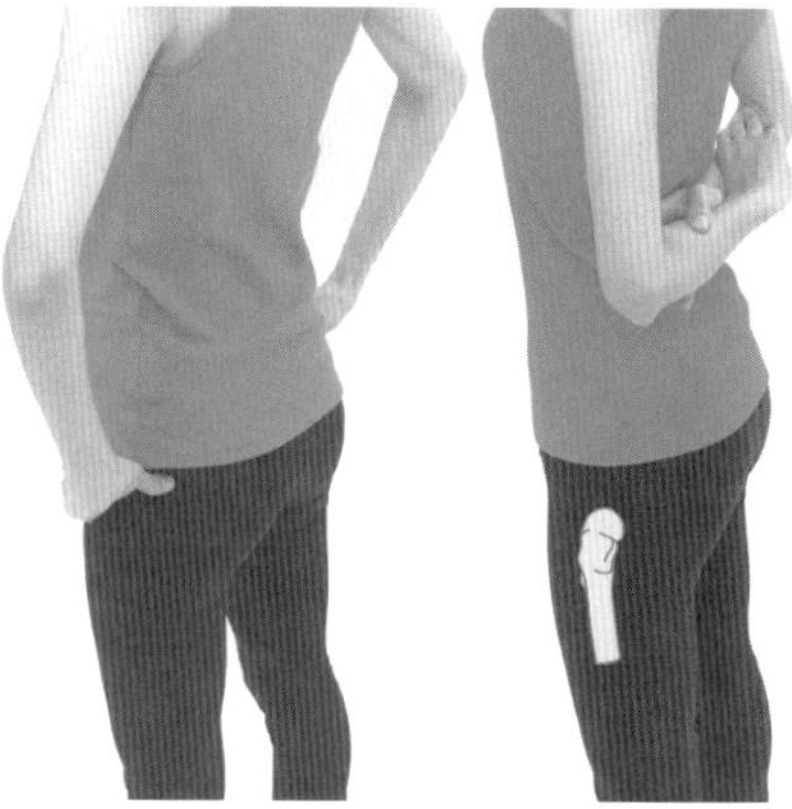


図20：大転子をつかむ
　　　大転子を辿る

図21：股関節の確認

## 3 運動のポイントは関節にあり

運動とは重心の移動。

関節の役割は重心を移動させること。

運動のポイントは、いかに関節が滑らかに可動するのか、ということにあります。

関節には運動方向があります。

適切な運動方向に動かすことによって、関節はアクセルにもなるし、不適切な運動方向に動かすことによって、ブレーキにもなります。

ヒトが歩行や走行など移動する際、まず重要なことは、何がブレーキで何がアクセルなのかを知るということです。

接地のニュートラルな状態は「フラット」です。フラット接地というのは、五本の足指がやさしく接触する接地。足裏全体で圧を分散し衝撃を和らげることが鉄則となります。以降、その状態をフラット接地として説明していきます（踵接地、母趾球接地にならないよう注意して、足指・足全体で接地する）。

フラット接地から膝頭（膝蓋骨《しつがいこつ》）を母趾球へ向けるとブレーキがかかります。

フラット接地から膝頭（膝蓋骨）を第4・5趾のライン上を通過するように傾けるとアクセルとなります【図22】。

いずれも足関節（距腿関節）が屈曲（背屈）します。

つまり、足関節（距腿関節）の屈曲（背屈）は関節運動の方向の違いでブレーキにもアクセルにもなるということです。

図22：アクセルとブレーキ

第4・5趾方向はアクセル　　母趾球方向はブレーキ

近頃は東京マラソンの人気が高まり、マラソン愛好家が増えているようです。走ることが好き、あるいは健康のためなど、さまざまな理由で皆さんランニングをはじめられるのですが、一方で足のトラブルに悩まされるランナーも多いのです。

私のもとにも、膝痛、足底筋膜炎《そくていきんまくえん》、シンスプリント、アキレス腱炎、外反母趾などの相談が後を絶ちません。しかし、その原因のほとんどは、ブレーキを解除しないまま走行をおこなっていることにあります。おまけに、接地の衝撃をある部分で集中的に受けて、ダメージをカラダに蓄積しているのです。

足底筋膜炎を抱えたランナーに「なぜ、そのような走り方をするのですか？」と私が質問すると、指導者からそのように習ったからだと教えてくれました。その方法とは、踵から外側を通って、母趾を抜けるように接地をするというものでした。しかし、現実には、彼は足を壊し、この先マラソンを続けることができるのかどうかわからない状況になっているのです。

指導者は、伝えるための手段として感覚表現を使います。ですが、指導者の感覚はそれぞれ、また受け取る側の感覚もそれぞれだということを忘れてはなりません。もしかしたら、指導者の感覚にズレがあるかもしれないし、逆に受け取る側の感覚にズレがあるのかもしれない。現実として、痛みが問題を知らせているわけで、本来はそうなる前に互いの感覚の伝達にズレがないか検討すべきだと思います。

接地感覚の表現は難しい。

特に走行時の感覚表現ということになれば難易度が増します。真意を汲みとるには、指導者と選手が走行スピードを共有し、互いの接地状況を確認しながらでなければ、感覚のズレを修正するまでに至らないかもしれません。

いずれにせよ接地方法ひとつでブレーキにもアクセルにもなることから、もし関節の可動が思わしくなければ、動作時に滑らかに関節が可動する方向へ動きを修正すべきであると思います。

動作の中にブレーキの要素が含まれていると関節は滑らかに可動しないことが考えられます。

当然、動作中にブレーキをかけながらアクセルを吹かすということでは関節の可動が思わしくないばかりか、故障の原因になりかねません。

動くときはブレーキを解除してアクセル、止まるときはブレーキ。人間は機械とは違うので、当たり前のことのようですが、それが難しい。競技における技術指導とヒトの本来の運動が噛み合っていない場合はなおさら難しい。

運動とは何か、関節とはどのような役割なのかを、今一度見直してほしいと思います。

## 4 ルーズな関節、噛んでいる関節

関節の結合は関節包や靭帯で補強され、その周りには腱や筋肉が付着し通過しています。関節は、いつでも可動できる状態ならば滑らかに動きます。逆に関節の動きが悪い、硬いというようなときは、いつでも可動できる状態にない、ということです。筋骨格系疾患を観察すると、ほとんどの場合において、関節がいつでも可動できる状態にないことがわかります。ということは、どのようなことが考えられるでしょうか？

それは、ルーズな関節、あるいは噛んでいる関節の状態にあるために、その箇所が滑らかに動かないということです。

ルーズな関節とは、何らかの理由で筋肉が骨の位置を調節できない状態です。

噛んでいる関節とは、何らかの理由で骨と骨の隙間が狭くなっている状態です。

ルーズな関節の場合、関節の可動が大きくなります（過可動）。たとえば、関節弛緩症《かんせつしかんしょう》、過可動症候群、二重関節、外傷による動揺関節など、限界を超えて可動が広くなるものがあります。女性に多く見られる肘の過伸展《かしんてん》は大きく肘がしなり、猿腕《さるうで》などともいわれている。また、クラシックバレエや新体操などでは普通の人がビックリするようなやわらかさをもつ選手がいます。競技にとってはやわらかさが有利になりますが、カラダを壊す危険性も秘めている。

関節は靭帯により補強され、可動の限界を超えて壊れないように制限されていますが、何らかの理由により制限が解除されたとしたら壊れてしまいます。たとえば私が故障したように開脚ストレッチ（静的ストレッチング）で伸張反射を鈍らせて可動を大きくしてしまう場合などです。通常、可動範囲を超えるような刺激を受けると、大きく伸ばされた筋肉が反射的に縮んで関節を守る働きがあります（伸張反射）。一方で開脚ストレッチというのは伸張反射を抑えながら、時間をかけてジワジワと筋肉を伸ばし伸張反射を鈍らせるエクササイズなのです。

そうしたエクササイズによって大きく可動するようになった関節は、一般的にやわらかいと評価されますが、実はルーズな関節であり、危険をはらんでいると考えられます。

噛んでいる関節の場合、関節の可動が制限されます。関節の可動域が制限される理由は、関節強直《かんせつきょうちょく》、拘縮《こうしゅく》、外傷によるものなどがあります。脳血管障害による片麻痺、いわゆる半身不随は身体が固まり運動が困難となります。拘縮により手足の関節のところで曲がったまま固定されている、また、骨折などの外傷で固定期間が長期にわたるとき、関節の可動制限ばかりでなく骨や筋肉が萎縮《いしゅく》することもあります。

また、たとえば、姿勢不良、あるいは骨格ポジションが不適切な場合、関節の隙間が狭いあるいは、関節窩《かんせつか》に骨頭が陥入している状態のとき、噛んでいる関節になっていると思われます。

股関節痛を訴える患者さんのレントゲン画像で股関節の隙間が狭くなっていることが多い。これは、下肢骨（寛骨、大腿骨など）のポジションに問題があり、加重をかけすぎている側の股関節の隙間が狭くあるいは、陥入しているのだと私は考えています。また、一般的にカラダが硬いといわれる方たちの多くは、不適切な骨格ポジションにより、噛んでいる関節の状態にあるのです。

ルーズな関節と噛んでいる関節に共通することは、深部感覚が鈍く、骨の位置、関節の運動方向などを把握できない状態にある、ということです。関節が危険可動域にあっても、関節が制限されていても、そのことを感知できず、またその理由に気づけないのです。

## 5 頭皮／かみ合わせ／ベロの位置／頸部・肩の筋肉チェック

今現在、自分のカラダの状態がどうなっているかをチェックしてみましょう。
このエクササイズ自体が感覚を拾う簡単な練習になっています。
最初はよくわからなくても問題ありません。
大事なことは必ず自分が感じ取る、ということだけです。

### EX-6：カラダセルフチェック【図23】

1 頭皮：頭皮を左右にわけ、指先で縦方向に皮膚を動かす（チェックポイントとしては前後に動くか、あるいは頭皮が硬く動かないｅｔｃ）。

2 かみ合わせ：奥歯のかみ具合（左がかみ難い、右がかみ難いｅｔｃ）。

3 ベロの位置：ベロの位置を五段階に分け、口を閉じたとき、どこに位置しているか確

図23：カラダセルフチェック

頭皮を動かす

認（理想は真ん中からやや上）。

**4** 頸部・肩の筋肉：胸鎖乳突筋・僧帽筋を指先でつまむ（右の胸鎖乳突筋が硬い、ボリュームが薄いｅｔｃ）。

頭皮や頸部・肩部の筋肉の状態は表在感覚（皮膚感覚）の触覚・圧覚、抵抗覚（深部感覚）などで感知する感覚の練習になります。かみ合わせやベロの位置の状態は、深部感覚の位置覚、運動覚、抵抗覚などで感知する感覚の練習です。

このエクササイズは感覚を拾う簡単な練習であるとともに、関節の充実、深部感覚の入力などの前後で変化や効果をみる判断材料とすることができます。

## 6 腕と脚の充実度をチェックする

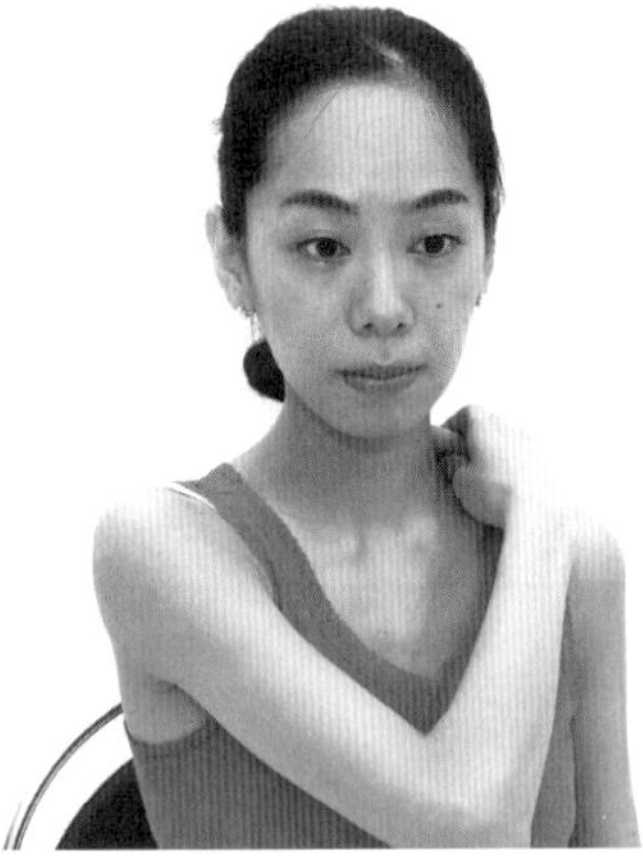

僧帽筋をつまむ

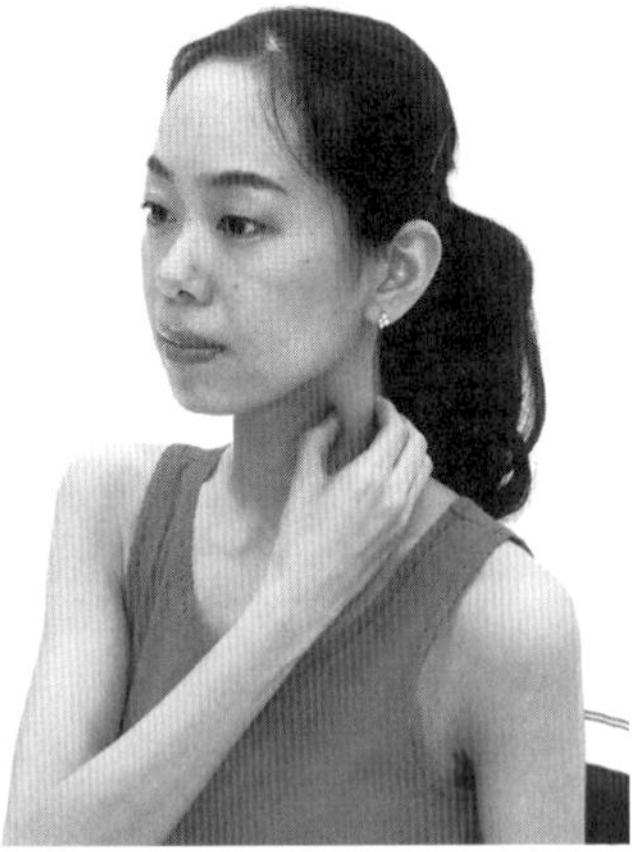

胸鎖乳突筋をつまむ

## EX-7：関節の「充実」と「抜け」チェック【図24】

ペアになって左側からチェックする。

**《仰向け》**

**1** 力を抜いて仰向けになる（重力の影響を減らす）。

**2** パートナーに足首を把握してもらい、脚の長軸方向に軽く引いてもらう（関節の遊びを確認する程度）。

**3** 次いで手首を把握してもらい、腕の長軸方向に軽く引いてもらう（関節の遊びを確認する程度）。

＊**ポイント…**左脚→左腕→右脚→右腕の順で関節の状態を感じ取る。

**《立位》**

**1** パートナーに体側に立ってもらう。

図24：関節の「充実」と「抜け」チェック

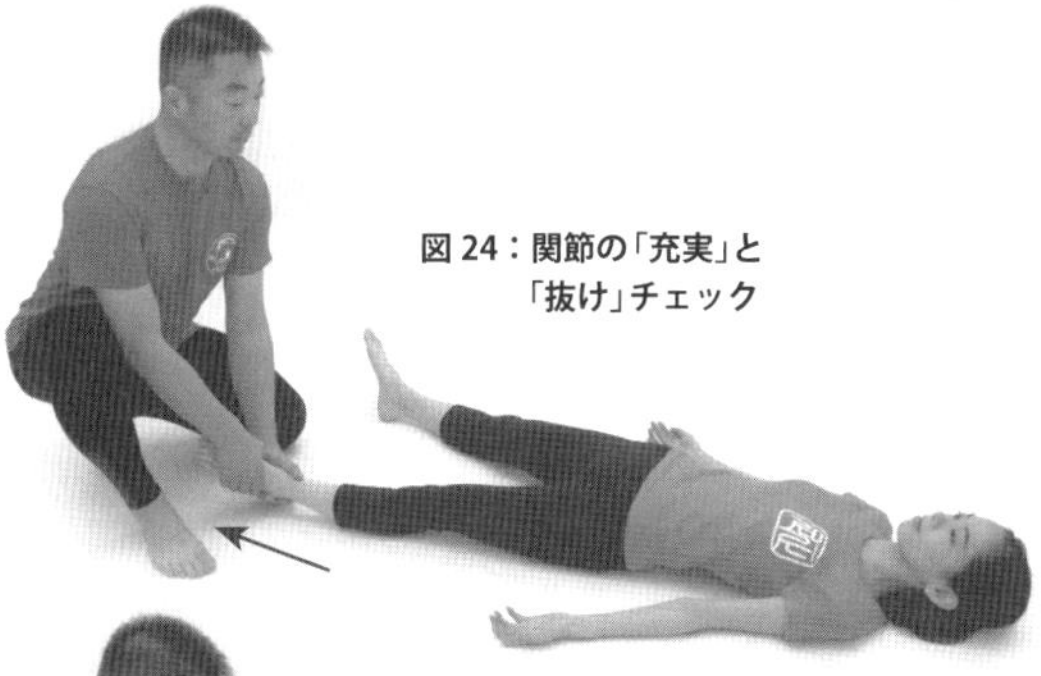

脚の充実

腕の充実

**2** パートナーに手首を把握してもらい、下に軽く重さをかけるように引いてもらう（関節の遊びを確認する程度）。

＊**ポイント…**左腕→右腕の順で胸鎖関節、肩関節の状態を感じ取る。

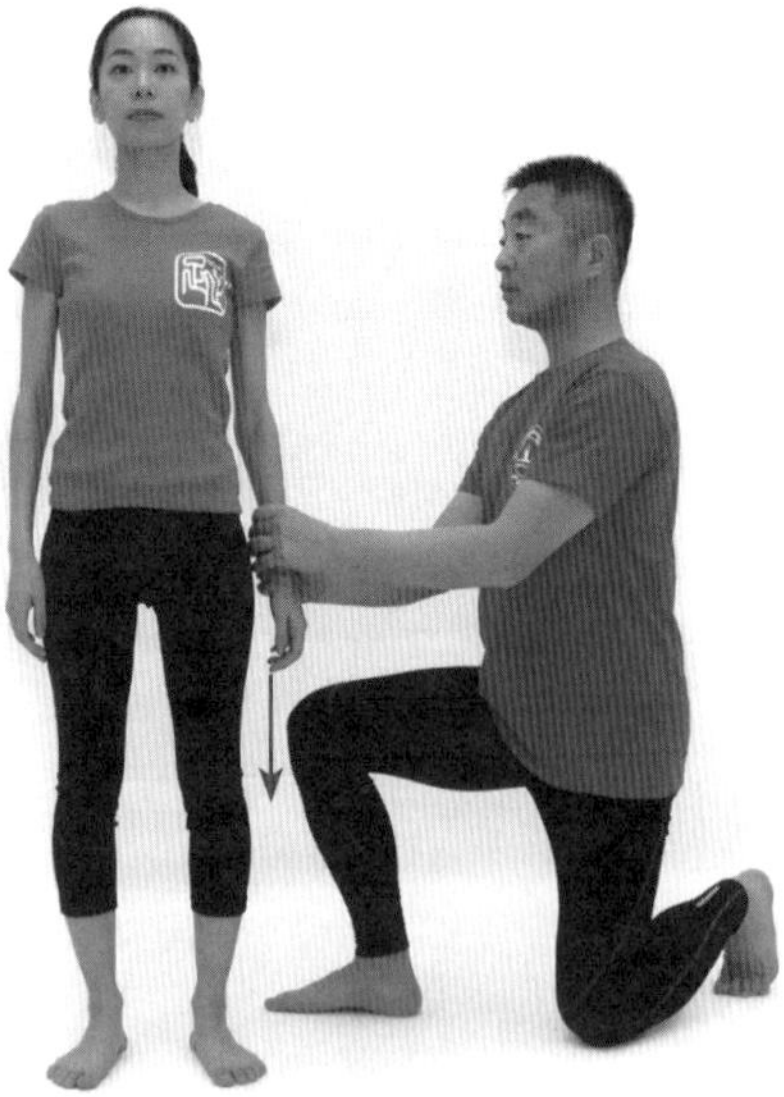

腕の充実（立位）

**《左右の確認》**

パートナーは腕・脚を引いた感覚を相手に伝えないようにする。いずれも自分の感覚を重視。関節の「充実」はパートナーに腕・脚を引かれても体幹がしっかりしている状態として感じ取れる。関節の「抜け」はパートナーに腕・脚を引かれた方向に体幹がついてゆく状態。

**《左右差の調整》**

くり返しパートナーに腕・脚を軽く引いてもらう。そのとき、常に自らの関節状態の変化を感じ取る。次第に感覚は慣れてくるので「充実」と「抜け」の差がわからなくなる。左右差がわからなくなった時点で終了。左右差が変わらない場合は、左右各五回くらいを目安にする。

筋骨格系疾患、スポーツ障害などの理由がある場合は深部感覚が薄くなっていることが考えられる。かかりつけの担当医と相談しながら無理のないように進めること。

腕の「抜け」がある側は、肺機能（次の項で詳説します）や噛みしめが苦手な傾向にあります。また、脚の「抜け」がある側の体幹が弱く、腹圧がかからず、股関節を動かすのが苦手な傾向にあります。

関節の「抜け」とは、**骨格のつながりが薄い**状態だといえます。

本来カラダには各パーツを定位置に配置し、状態を保つ働きがあると思われます。ですから、腕や脚を引かれても抜けることなく定位置を保つことができます。

骨格のつながりが薄い状態というのは、各パーツの深部感覚が薄くなっており、各骨格筋の機能が不十分な場合です。つまり、カラダの連続性が途絶えてカラダの各パーツを定位置に保つという防御反応が鈍くなっているのです。腕や脚が抜ける場合は、それに連動する部位の機能低下が多々見られます。

各関節は常に遊びを保ちつつ、カラダにつながりのある状態が理想です。自分の腕と脚の関節の状態を把握しているということは、トレーニングをすすめる上で大切です。それは、トレーニングの効果にも直結します。

## 7 体幹と肺のつながり——呼吸力を高める

呼吸について、私はこれまであまり触れずにきました。というのも、呼吸は生命を左右するものので、まだその全体像が私にとっては未知であるため、語るのがためらわれたからです。ここでは呼吸をコントロールすることではなく、肺機能回復について言及していきます。

呼吸運動は肋間筋《ろっかんきん》や横隔膜《おうかくまく》など呼吸筋の働きにより維持され、呼吸筋の活動は脳、脊髄の神経によって支配されています。これらを統合しているのが中枢神経にある呼吸中枢（脳幹《のうかん》の延髄《えんずい》）で、この働きによって規則正しい呼吸運動が可能になります。呼吸運動は随意《ずいい》運動（意識して動かせるもの）であると同時に、脳幹の呼吸中枢（延髄）によって自動的に制御されているものでもあります。そのため睡眠中も不随意な呼吸運動が保たれているのです。

さまざまなところで「呼吸法」という言葉を耳にします。しかし、それらは呼吸をコントロールする方法論ばかりで、一方で「呼吸器系の機能を回復する方法」についての見解が不十分だと私は考えています。

たとえば、多くの人は「左右ある片方の肺を使っていない」状態にあります。

右肺は上葉・中葉・下葉、左肺は上葉・下葉という構造からなっています【図25】。そこで、「肺を使っていない」というのは、もっと細かく言えば、たとえば「左肺の上葉が機能していない」ということになります。実は、このように肺が機能していない状態があっても、それに気づいていない人は多い。激しく動くアスリートにも、呼吸法に取り組んでいる人にも、一般の人にもそれは共通です。

肺機能の一部を使わない（不十分なまま）で激しい運動をしたり、呼吸をコントロールすれば、呼吸器系に負荷をかけます。そもそも備わっている機能を使わなければ、どこかに負荷をかけることになります。

トレーニングで心肺機能を高める以前に、呼吸法でカラダを調整する以前に、肺の機能を回復させるべきだと考えています。

これまで構造動作トレーニングに取り組んでこられた方たちは気づいているかもしれません。「骨格ポジション」がセットされると呼吸が深くなることを。

左右の肺が機能しているかどうか、確認してみてください。

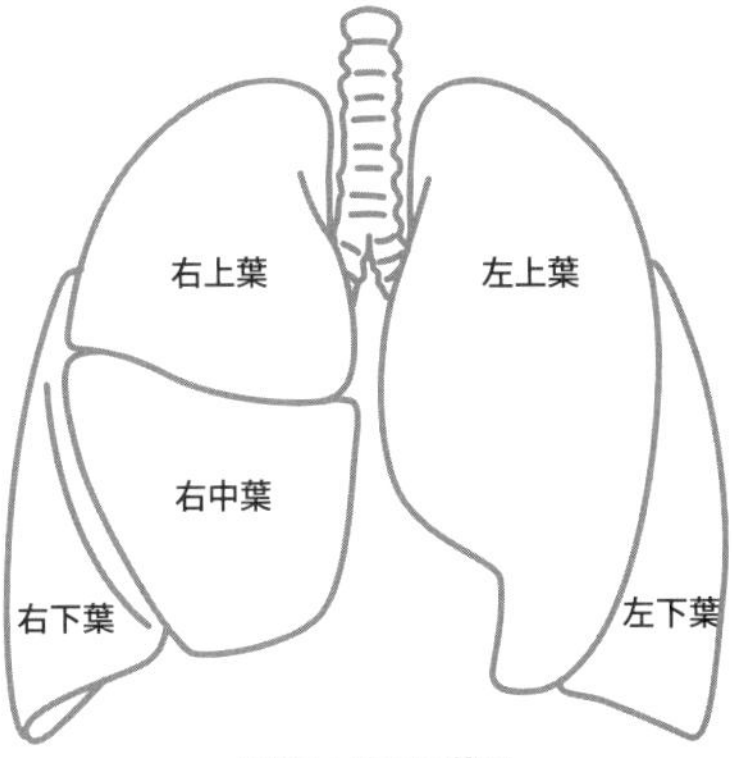


図 25：肺の三葉図

複雑な人間社会では、時として対処方法としての呼吸のコントロールに救われることがあります。ですが、地球という重力環境で生活する〝ヒト〟はもっと生命に満ちた存在だと思います。呼吸というカラダの自動制御装置を整備し、〝地に足をついて〟、〝息をすること〟からはじめてみましょう。

## 左肺で呼吸、右肺で呼吸、呼吸の充実度をチェックする

はじめに、左手を左胸、右手を右胸にあてます。そして、左肺だけで呼吸をします。つづいて、右肺だけで呼吸をします。おそらく、左右別々に呼吸するということを意識したのははじめての方も多いのではないでしょうか。呼吸は自動的に制御されていますが、このように意識的にコントロールすることも可能なのです。

ところで、左右の呼吸はそれぞれ満足できる状態でしたか?

右肺は上葉・中葉・下葉、左肺は上葉・下葉と分かれていますので、今度は、左乳の上、左乳の下、右乳の上、右乳、右乳の下に分けて、それぞれ呼吸の実感をしてみてください。それぞれの場所に手を当てて、そこで呼吸をするようにするとわかりやすいと思います。

おそらく、意識しやすい箇所、意識しにくい箇所があったのではないでしょうか。

私たちは、無意識でしている呼吸をあまり気にかけず、「あたりまえ」(肺のすべてを使って)に

呼吸ができていると思い込んでいます。実は、赤ちゃんでもない限り、あたりまえに呼吸ができている人の方が珍しいくらいなのです。

## 胸郭をセットする【図26】

先ほど、左右を区分けした呼吸で、意識しやすい箇所、意識しにくい箇所があった人も、すべて意識できた人も完全なる呼吸機能回復に向けて胸郭をセットしていきます。

まず、胸郭を確認します。

喉元に指先を当てて下がっていくと胸の中央にあるのは胸骨です。ここは先に胸鎖関節を確認した時になぞりました。胸骨からは左右に肋骨がついて背中を回り背骨に

図26：胸郭のセット

胸郭を立てて「セット」　胸郭の後傾　胸郭の前傾　胸郭の保持

つきます。さらに鳩尾《みぞおち》まで下がると尖った骨を確認することができます。これは胸骨剣状突起《きょうこつけんじょうとっき》といって、名前のごとく剣《つるぎ》のような形をした骨です。そこから両サイドに指先をすすめていくと胸郭の下端で肋骨が脇腹までつづき、さらに背骨につきます。背中側を確認することは難しいですが、大方、胸郭を確認できたのではないでしょうか。

それでは、両脇胸に手をあてて胸郭を保持します。そのまま、お辞儀をすると胸郭の前傾、後方に反らすと胸郭の後傾です。その中間で胸郭を立てた位置にしてみてください。そして、大きく息を吸い込んでください。胸郭が拡がりました。つづいて、ゆっくり息を吐いてください。胸郭が沈みました。このように胸郭は呼吸のときに動いているのです。

胸郭をセットしますので、まだ手を放さないでください。胸郭を立てた位置にしっかり保持してください。そして、「セット！」と声に出してこの位置を記憶します。これは、新たな胸郭の位置を脳に上書きする合図になります。

それでは、セットが完了したら手を放してください。

この位置を基準に、さらに呼吸を深く進めていきます。

## 両肺に均等にたっぷり息の入る状態にセット

左右の肺にそれぞれ手を当てて、肺が機能しているかを確認します。肺は横隔膜・肋間筋に囲まれた胸郭の中にあります。鼻から空気を吸い込んで、気道が左右の気管支に分かれ、それぞれ左右の肺に入っていきます。肺の内部に入った気管支はどんどん枝分かれして細くなり、最終的には肺胞《はいほう》となります。

肺はそれ自体で膨らむわけではなく、横隔膜・肋間筋が収縮することで胸郭を広げ、肺の運動がおこります。胸に手を当てて確認しようとしても、わらない、イメージできないという人がいます。落ち着いて、自分の呼吸、胸郭の動きを感じてください。

## EX-8：呼吸力を高めるエクササイズ【図27】

**1** 正座をする。正座の姿勢の目安は両膝の下、脛の上部（脛骨粗面《けいこつそめん》）で体重を受けるように座る。
**2** 基本ポーズから両肘で体幹を挟むように脇を締めて、両手のひらを肺に当てる。
**3** 深呼吸：鼻から大きく息を吸い口からゆっくりと深く息を吐きだす。このとき胸郭の動きを感じ取るようにし、左右の違いを確認する。
**4** 左肺と右肺で交互に深呼吸：鼻から大きく息を吸い口からゆっくりと深く息を吐きだす。このとき胸郭の動きを感じ取るようにし、左右の違いを探る。左右で呼吸の苦手な側は丹念にゆっくりと深呼吸をする。

**図 27：呼吸力を高めるエクササイズ**

基本のポーズ

**5** 左右の肺で深呼吸：鼻から大きく息を吸い口からゆっくりと深く息を吐きだす。このとき胸郭の動きを感じ、左右の変化を感じ取る。

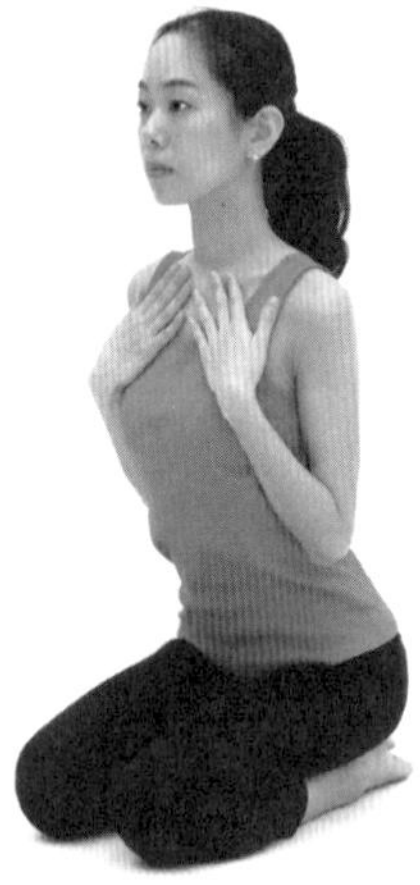

両手のひらを胸に当てて深呼吸

基本のポーズから脇を締める

## 8 肺の左右上下で呼吸が苦手な箇所がある

呼吸器系疾患を伴うような内科的な問題は私の専門ではありませんので、ここでは筋骨格系の問題で起こりうる原因について説明します。

呼吸が苦手、呼吸が浅いという人を見ていますと、肋間筋や横隔膜が機能しにくい骨格位置で姿勢を保っています。筋肉というのは起始・停止といって骨に付着する位置が決まっています。その骨の位置が適切でなければ、呼吸をしていても胸郭の動きが少なく、肺が十分に機能しません。そうすると、肺の左右上下で呼吸が苦手な箇所ができるのです。

肺の機能を回復するためには、骨格ポジションのセット（脳脊髄・中枢司令塔の確保）をする必要があります。そうでなければ、「呼吸器系の機能を回復すること」はできません。

大事なことなのでくり返しておきます。私は、心肺機能を高めるトレーニングをする以前に、呼吸法でカラダを調整する以前に、肺を機能させるべきだと考えています。

しかし、生命を左右する大切な呼吸運動に違和感を覚えていたとしても、それを解消できないほどに多くの人は深部感覚を鈍らせているのです。骨格位置が自動的に最善の状態に制御されていれば問題は起こらないのでしょうが、それほどヒトにとって都合のいい仕組みにはできていいないようです。

呼吸運動の際に胸郭及び骨格位置を確認、探り、変化をみることは、深部感覚を厚くする訓練となりますので、丁寧に左右の呼吸運動を感じ取ってみてください。

## 9 呼吸量——十分な酸素を確保する

スポーツ選手を見ておりますと、各競技性、あるいは個人の癖によるものなのか、カラダの機能を偏らせて動いている傾向があります。呼吸器系の機能においても十分な機能状態にない選手が目立ちます。

その状態で心肺機能を高めるトレーニングをしたり、激しい練習、全力で試合に臨むなど、呼吸器系に負担をかけていることが心配です。激しい動きに呼吸器系が慣れることも大事だと思いますが、呼吸器系が機能する状態で激しい動きをするということの方が、私は重要だと考えています。当然、心肺機能を高めるトレーニングならば、激しい動きに慣れるのではなく、激しい動きでも心肺が機能することを目指すべきだと思います。

現代人はストレスや運動不足などにより慢性的な酸素不足だといわれます。そして、酸素不足が原因となって集中力を欠いたり、カラダのさまざまなトラブル、不定愁訴などにつながると考えられています。

以前、スポーツ選手が回復のために酸素カプセルを取り入れて話題にもなりましたが、鍛え抜かれているスポーツ選手でさえも慢性的な酸素不足なのです。しかし、一時的に酸素を取り入れることを続けるよりも、呼吸器系を回復して常に十分な酸素を確保することの方が重要ではないでしょうか。

呼吸運動の際の胸郭及び骨格位置の深部感覚が目覚めてきたら、同時進行で骨格筋の回復をおこなうと呼吸器系の回復に効果的です。

特に広背筋の機能状態を高めることで胸郭の安定と腹筋群の柔軟性が養われ、さらに深い腹式呼吸で十分な酸素を確保できます（二四二ページ、広背筋の回復エクササイズ箇所参照）。

## 10 腹式呼吸があたりまえのカラダづくり

すやすや眠る赤ちゃんのお腹は、ゆったりとした深い呼吸で上下に動いています。

私たちは、いつのころからか、腹式呼吸が苦手なカラダになっていることに気づいていますか？

呼吸法では意識的に腹式呼吸を練習しますが、それだけでは無意識に腹式呼吸ができるカラダの状態には至りません。なぜならば、腹式呼吸ができるカラダの機能状態にないからです。

当然、私も腹式呼吸が苦手なカラダになっていました。

しかし、骨格ポジションが整い出したころからでしょうか、布団に仰向けで寝たときに鼻とお腹が直結したような変化がありました。それは、これまでの無意識な呼吸にお腹の動きが加わった腹式呼吸だったのです。さらに、深部感覚と骨格筋回復（二二九ページ以降参照）を同時進行することで、呼吸はどんどん深さを増し、浅層《せんそう》呼吸から深層《しんそう》呼吸へ向かっていくようです。

## 11 浅層呼吸から深層呼吸へ

一般には、胸式呼吸と腹式呼吸という分類がされています。

しかし、私の感覚としては浅層呼吸と深層呼吸の方がしっくりきます。

浅層呼吸は内部感覚の実感を伴わない呼吸、深層呼吸は内部感覚の実感を伴う呼吸、つまり、深層呼吸とは深部感覚を備えた呼吸ということです。

呼吸が浅い人たちの胸郭を観察していますと、胸郭の動きは少なく、呼吸に関与する肋間筋などの動きが見られません。特に、貧血気味の青白い顔色をした女性の多くは、胸郭の動きが不足して一定量の酸素を確保できないために酸素不足に陥っています。これは、胸郭の位置覚、胸郭の運動覚などの深部感覚が鈍くなり、表層の皮膚感覚のみで呼吸しているためのようにみえます。一方、一定の酸素量を確保している元気な赤ちゃんは、皮膚感覚、深部感覚ともに機能している呼吸だといえます。

呼吸法をおこなう場合は、浅層呼吸で感覚の鈍い状態ではなく、深層呼吸で感覚を備えている状態が望ましいと思います。感覚が鈍い状態へ強制的に呼吸コントロールをおこなっても、それでは肩で息をする努力呼吸のようなものです。努力呼吸は、緊急時におこなうもので、横隔膜・外肋間筋など通常時に使う呼吸筋とともに、胸鎖乳突筋、内肋間筋、腹筋などの補助呼吸筋が使われ、動かないものを意識的に動かそうとしますので過剰な筋肉運動を必要とします。

まずは、呼吸機能を回復して深層呼吸へ自然と変化していくことをおすすめします。

# 第3章
# 深部感覚ルーティーン

## 1 感覚を拾うというのは「自分を知る」ということ

自分というものは、他人よりも自らが一番よく知っているように思っていますが、実は最も身近にありながら、よく知らないものであることの方が多いのではないでしょうか。

カラダは、「人体という小宇宙」と呼ばれることがあります。私は、宇宙というものの実体が本当はどのようなものなのかわかりません。人類の誰一人として宇宙の外側を見た者はいないし、その内側でさえすべてを知る者はいません。たしかに、宇宙の端はどこまで広がっていて、その外側にはどのような世界が広がっているのか、想像するだけで好奇心を駆り立てられますが、現段階では宇宙は部分的にしか触れることができないものなのです。

カラダもまたその働きを完全に理解することはできず、生きている間は自ら内部に直接触れることはできない。たしかに、それは小宇宙と呼べるほどの驚きと謎を秘めていると思います。

宇宙はその存在に迫る人にとっては実感を持って存在している一方、そうでない人にとっては存在しないも同然のものなのかもしれません。同様に、もしかしたら、「自分」というものも存在しているようで、実は存在していないともいえるのではないか、と考えることがあります。

私の右脚の深部感覚が途絶えたとき、右脚という「肉の塊」は存在していましたが、「私の右脚」はそこに存在していなかったのです。つまり、そのとき私の一部は完全に存在が消えていたのでした。

街のスクランブル交差点を行き交う人々を眺めているると、これは幻想なのではないかという錯覚に陥ることがあります。足早に歩きさる人々を観察すると深部感覚が薄く・鈍い人たちがとても多く、自らの存在的な希薄さに気づくことなく日々の生活が営まれている。そのことが、私には幻想的に映って見えるのかもしれません。

深部感覚が薄く・鈍くなる背景には、環境の変化が大きいと思います。昔が良かった、というわけではありませんが、昔と今とでは日常生活における動作の量や質、深さなどが変化し、現代では特に深部感覚を必要とせずに生活が過ごせるようになっています。

便利な時代になったといわれていますが、喜ばしい反面、痛ましい時代になったともいえます。便利と引き換えに失うものは大きく、さまざまな領域で歪みを生み出してもいます。

たとえば、カラダにおいてその歪みは、現代病といわれる一連の病が蔓延する原因にもなっている。ストレスや環境の変化を誘因として、うつ、機能性胃腸症、アトピーや喘息、花粉症などのアレルギー疾患が引き起こされるとも考えられています。これだけ最先端医療が発達しているにもかかわらず、新たな病名が次々と追加され、肩こり、腰痛、眼精疲労、などの私たちに身近な症状は、減少するどころか増加の一途をたどっているように感じられてなりません。

人類に警笛を鳴らす「痛み」は、自分の存在を示すための警告。「痛み」には表在感覚の痛覚と深部感覚の痛覚があります。擦り傷などで感じる痛みは、表在感覚の疼痛で傷口がふさがれば比較的早期に消失します。一方で人々を悩ませ続けている慢性的な腰痛などで感じる痛みは、深部感覚の疼痛なのです。

現代人は、自分の存在が本来はどのようなものなのかよく分からない状態のまま、時代の流れに呑み込まれてしまっているかのようです。必要なのは、自分で考え、自分のカラダで考え、自らの意志でより良い状態を作っていくことではないでしょうか。そのときは、決して受け身でいることはできません。

自分とは何者なのでしょうか？　おそらくこの問いは、宇宙について同様、完璧な理解に至ることのできない問いなのだろうと思います。

しかし、これからも続いていくのであろう時代を作っていくのは私たちであり、未来の子供たちです。一人ひとりが、自分の存在を確信できるのであれば、たんに「便利な時代」がより「活きやすい時代」になるのではないかと思います。

深部感覚を厚くすることは、その第一歩に過ぎませんが、一人ひとりが一歩を踏み出せたとしたら、数えきれない一歩が、時代の歪みを修正する大きな力になりうると思うのです。深部感覚は「**自分が動くことによって生じるカラダ内部の刺激を感知する感覚**」です。薄く・鈍くなった深部感覚を厚くするためには、自分のカラダの内部に生ずる刺激を拾い集めなければなりません。

感覚を拾うということは、自分のカラダのパーツを自分のものにし、自分の存在を確信するものであり、自分を知るための働きかけなのです。

## 2 深部感覚ルーティーンがおこなうこと

重力を無理なく受けることができる骨格ポジションにセットすることで、感覚器系はもとよりカラダの各器官においても、元々ヒトに備わっている機能がフル稼働すると私は考えています。骨格ポジションとは、ごく簡単にいうと「**姿勢**」のことです。整った骨格ポジションというのは、ヒトが重力下で無理なく円滑に動くことが可能な姿勢ということです。

まだ私が国家資格を取って間もない頃の話です。勤め先の病院で患者さんに「正しい姿勢を教えてください」といわれ、私は、運動学で習った「耳（外耳孔）‐肩峰‐大転子‐外くるぶし（外果）」（六八ページ参照）を一直線で結ぶ姿勢を指導しました。今思い出すととても恥ずかしい話なのですが、マニュアルの棒読みで、おまけに、私自身が極度の猫背だったのです。

はたして、そのような実感を伴わない姿勢の指導で患者さんが納得したのか、わかりません。とはいえ当時の私にはそれ以外できませんでしたし、そのときの私にとってはそれが正しかったのです。しかし、患者さんにとってそれはどういう意味を持つことだったのでしょうか？　曖昧な記憶の中で今なお反省する出来事です。そして、正しい姿勢を問いつづけて、いまの骨格ポジショニングに至りました。

正しい姿勢とは誰にとって正しい必要があるのでしょう？

私にとってなのか、患者さんにとってなのか。当然、患者さんにとってでなくてはなりません。では、その患者さんは、なぜ、正しい姿勢を知りたかったのでしょうか？　残念ながら、当時の私では「運動学で習ったものが正しい姿勢」と思い込んでいたので、その真意を聞くことすらありませんでした。

猫背を治してカラダの負担を軽減しようと思っていたかもしれないし、あるいは見た目に綺麗な姿勢を身に付けて印象を良くしようと思っていたのかもしれません。しかしながら、「耳（外耳孔）‐肩峰‐大転子‐外くるぶし（外果）」を一直線で結ぶ姿勢になると、ほぼ後ろ重心になってしまいます。その姿勢は人によっては真っ直ぐで綺麗に見えるかもしれませんが、カラダを固め過ぎており、各部位の負担が軽減するような姿勢とは考えにくいのです。

そこで各専門家の姿勢についての考えを調べてみると、さまざまな意見があることに驚きました（それまでは教科書以外の情報を調べもしていなかったのです……）。しかし、どの意見についても確信が持てず、また納得もできませんでした。そこでようやく、**「正しい姿勢とは、その人にとって正しい姿勢であり、なおかつオーダーメイドである」**という一つの結論めいたものにたどり着いたのです。私の中からは絶対的に「正しい姿勢」という概念が消えました。かわりに、いまも自らの姿勢について考え、問い続けています。

問いかけの中で私は、外見上の姿勢よりも「**動きやすい姿勢**」を求めることにしました。動きやすい姿勢とは、運動が円滑に行える姿勢のことであり、カラダの負担が最小限になる姿勢のことです。運動とはヒトの重心が移動することですので、「重心のニュートラル」がどこに位置すればよいのかということ、そして、私たちは重力下で動いているので重力を無理なく受けることができる骨格の位置はどこなのかということ、この二点のそれぞれが矛盾なく存在する姿勢を求める必要がありました。

さらに、私の専門は治療というリハビリ・トレーニングの立場であるので、「カラダの機能的な姿勢」であることも重要でした。各スポーツ競技の指導者によって、姿勢についてはさまざまな考え方がありますが、それは「各競技の技術的な姿勢」として意見が分かれるのだと私は考えています。しかし、そこで必要な技術（技術的な姿勢）に見合うだけの「カラダの機能的な姿勢」が備わっていることが、前提としては必須になるのではないでしょうか。

理想的な姿勢では、骨がカラダを支え、関節が重心を運び、筋肉が骨格を調節します。筋肉はやわらかく弾力性に富み、各関節の可動は円滑、カラダは滑らかに動き、運動において故障して痛み出すという可能性は限りなく低い。

これは過去の苦い経験の反省から私自身が実感すべく、実践研究を続けていることです。今ならば、自信を持ってあの時の患者さんの質問にオーダーメイドのアドバイスができると思います。

深部感覚ルーティーンは、自分の各パーツから感覚を拾い集めて、重力を無理なく受けることができる骨格ポジションへセッティングする実践メソッドです。この「姿勢」は、ヒトが重力下で円滑に動くための「指標」になるものです。指標とは、深部感覚の位置覚、運動覚、重量覚、痛覚を識別することができる骨格のポジションで、また、空間の中で私たちがどこに存在しているのかを認識するための確証を得るものでもあります。

## 3 骨格位置を記憶する

深部感覚ルーティーンでは、重力を無理なく受けることができる骨格ポジションを脳に上書きして骨の位置を記憶します。骨格ポジションを決定するには、「骨でカラダを支える」ことができるポジションへ、骨の形や位置を手触り、手応えなどの感覚を総合します。

たとえば、長管骨《ちょうかんこつ》（四肢を構成する長い形状の骨。大腿骨や上腕骨など）は重力が長軸方向へ向かう垂直位置に決定し、セッティングします。手触りで骨の形、手応えで骨の垂直位置を知ることができます。その他にも視覚による確認と記憶が加わることで、より完成度の高い骨格ポジションを記憶することができます。

長管骨は、重力を長軸方向に受ける垂直位置がもっとも強度を発揮します。逆に長管骨を傾けた位置では、剪断力という力がかかり壊れやすく、また骨の役割を果たすことができません。骨の役割は、カラダを支えることです。骨の役割を果たすことができなくなると筋肉や靭帯などが、それらの役割を余分に受け持つことになり、共に無理がかかります。

骨格は、形の異なる骨が集合して形成されます。それぞれの骨の形状を知り、重力を無理なく受けることができる骨の位置を理解することが必要です。手の触圧覚、つまり「手応え」により骨が安定した位置にあるか、不安定な位置にあるかを感じ取ることができます。これは骨格ポジションの決定に重要な感覚になります。

骨の位置が決定したら、それを調節する筋肉の働き、内部に生じる刺激を感じ取ります。骨格位置を感覚することにおいては、主に深部感覚の位置覚が厚くなっていきます。そして、骨格位置を記憶するために、決定した骨の位置を保ったまま、声に出してスリーカウント（1！　2！　3！）、そして声に出して「セット！」といいます。この声を出す行為は、決定した骨格ポジションをセッティングするための、脳に上書きする合図になります。

## 4　運動の方向性を記憶する

深部感覚ルーティーンでは、関節運動のアクセル方向を脳に上書きして、運動の方向性を記憶します。運動方向を決定するには、関節の仕組み、関節面の形状とその運動様式から、「関節が円滑に可動するアクセル方向」と「関節が動きを制限するブレーキ方向」の理解が必要です。そして、深部感覚のトレーニングにおいては、常に関節のアクセル方向への運動覚を拾います。ここでは、自らの動きによってカラダ各パーツの内部に生じる刺激を感じ取ることをおこなっていきます。

カラダを構成する多種多様な関節の組み合わせは、自在な運動を可能にします。自在というのは「思うまま」という意味ですが、一定の条件のもとで運動が成立しますので、法則から外れる場合は、運動（スムーズな重心の移動）が成立しません。この場合の法則とは、ヒトが生来持っている動きの本質であり物事の相互関係のことです。

カラダの各器官は、それぞれの役割を果たしカラダを組織として統合します。骨は、重力を無理なく受けることができる位置でカラダを支えます。関節は、重心を運びます。筋肉は、骨格ポジションを調節します。重心位置は、これらを条件とする骨格ポジションで決定されます。

関節には、運動可能な方向、運動不能な方向、アクセルの方向、ブレーキの方向があります。関節が重心を運ぶのは、関節運動が可能な方向で、なおかつアクセル方向へ可動するときです。逆に、関節が運動不能な方向、ブレーキ方向にあるときは重心を運べません。しかし、筋力で一気にカラダを押し出せば重心の位置を変えることができます。ただし、法則からは外れますので、その場合は何かしらの問題（怪我や疾患）が発生します。

関節が可動する方向は、立体的に運動覚を拾います。たとえば、股関節の屈曲運動には、内旋や外旋などの回旋運動が加わります。これは屈曲と回旋の二軸以上が複合する運動だといえます。股関節は、臼状関節《きゅうじょうかんせつ》（球関節）で屈曲・伸展、外転・内転、外旋・内旋の方向へ可動します。これは教科書的には正解ですが、実践では股関節が多軸性（三軸以上を中心として動く関節）を持っていることの理解が必要です。もし、股関節の運動を平面的に捉えていたとしたら回旋運動が加わらない、ぎこちない動作になってしまいます。股関節の仕組みを理解して動かすのと、知らないまま、あるいは間違えて動かすのでは、深部感覚ルーティーンの効果が違ってきます。股関節が硬い、股関節の動きに制限があるという人は、股関節の仕組みを知らないか、間違えているか、あるいはブレーキをかけているか、のどれかにあたると思われます。運動と感覚は切り離せない関係なので、動かして、感じて、運動の方向性を記憶することが大切です。

## 5 体にかかる重みを記憶する

深部感覚ルーティーンでは、重力を無理なく受けることができる骨格ポジションで感じ取れる重力の大きさを脳に上書きし、カラダにかかる重さを記憶します。

重さには、自重およびパートナーからかかる重みがあります。自重よりもパートナーからかかる重みの方が重力は大きく、部位によっては自重よりも重たい方が感覚を拾いやすいこともあります。逆に、指などの末端においては、重過ぎると感覚を拾いにくいこともありますので、その場合は自重をうまく調節して適切な重さで記憶することが大切です。

さて、カラダの重さを感じる部分といえばどこでしょうか?

直立しているときは地面と接触する足の裏、イスに座っているときは床と接触する足の裏と座面と接触する太ももの裏、仰向けで寝ているときは布団と接触するカラダの背面で重さを感じていると思います。これは、カラダの接触部分の触圧覚、重量覚により感知する感覚です。

無重力を体験したことはありませんが、無重力では重さがないといわれています。私が経験したことでいえば、末梢神経の故障などで感覚を拾えない場合は重さがありません。ある意味、何もない「無」の世界ですから、そこには幻想的な「宇宙」が広がっていました。そして、このまま重さを感じないまま安静にしていたら、**メカニカルストレス**（力学的負荷、機械的刺激）が不足して宇宙飛行士に生じるのと同じような骨粗鬆症や筋力低下が起こることが予想できました。

メカニカルストレスとは、重力や運動によってヒトのカラダに加わる力のことです。この力は、カラダへ適度にかかり続けることで生体を健康的に維持することができます。ですから、メカニカルストレスが不足すると生体を維持できません。宇宙飛行士は、健康を維持するためにトレッドミルやエルゴメーターといった運動器具を使って、毎日二時間程度の運動をするそうです。

逆に激しいトレーニングを無理に続けるなどして、メカニカルストレスが過剰になると、骨の変形や疲労骨折、筋疲労になりやすくなります。

現代人においては運動不足などでメカニカルストレスが不足している状況と、無理なトレーニングにより過剰になっている状況の両極端に偏っており、生体を健康的に維持できている人がとても少ない状態にあると考えられます。

その原因の一つは、深部感覚が低下して、的確な重さを拾えないことにあるでしょう。重力は、ヒトにとって抗う対象ではなく、無理なく受け入れるべき力なのです。

## 6　まず足の末端からはじめる

足は、空間の中に広がる大地と接触し、自分の存在の確証を得させてくれます。足の指先は、足もとを照らすライトのごとく大地の形、硬さ、障害物などを識別し、ヒトが動き続けるためのフィールド確保に努めているのです。足と大地との間で行われるやり取りは、内外の世界を理解するための重要事項。しかし、現代人の置かれている環境は、内外の世界を理解する必要がないからなのでしょうか、著しく足の機能低下が進行しています。

ヒトの直立姿勢は、基底面が広いと安定し、基底面が狭いと不安定になります。また、指先を浮かせて接地するよりも、指先を含む足の裏全体で接地した方が、面が広く安定します。しかし、足もとを安定させて立っている人は少なく、実に不安定な状態に多くの人があります。特に足裏全体の広い面ではなく、足の指を浮かせて、あるいは、母趾球や踵に重みを集中させて、狭い面(面を点)にして立っていることが多い。これでは、足と大地の間で行われるやり取りが不十分になってしまい、内外の世界を理解することが難しくなります。

ヒトが直立姿勢からひとたび動き出すことで、その一歩一歩が衝撃になりダメージの蓄積となっていきます。そのため本来の足の機能においては、アーチ構造を備え、足裏全体で大地に接触し、圧を分散することでその衝撃を和らげることができます。

逆に母趾球や踵などの特定の部位で大地に接触すると圧がそこに集中し、衝撃が分散されずダメージに変わり蓄積されてしまいます。また偏平足というのは、足裏全体で接地するというよりは、土踏まず(=足のアーチ構造)を潰して圧を集中させている足です。外反母趾は、母趾球に圧を集中させ過ぎて、メカニカルストレスが過剰にかかり、骨が変形してしまった結果です。浮きゆびは、踵や母趾球に圧を集中させ過ぎて、足の指のメカニカルストレスが不足し感覚・運動が低下してしまった状態なのです。

ヒトの足は、感覚・運動器として、カラダを支えるための土台として、すぐさま機能回復に取りかかるべき重要なパーツです。

深部感覚ルーティーンでは、足から順に重力を無理なく受けることができる骨格ポジションへ築き上げていきます。重心位置の基準点となる重心ニュートラル位置の指標は、足裏全体で接地する直立姿勢となります。重心ニュートラル位置は、足指の中でもっとも感覚のよい末端で接地状況を把握します。つまり、足指が重心位置を決定するセンサーといえます。しかし、自分では足裏全体で接地しているつもりでも、ほとんどの人が足指に意識が通らず、足指が浮いているか、あるいは、足指を力ませている状態にあります。これでは、重力を無理なく受ける姿勢にするために重心をニュートラル位置にセットしたつもりでも、実際には後重心や前重心となってしまい、そのまま重心位置のズレに気づかないでいることも多いのです。足指の深部感覚の低下は、重心位置感覚を鈍らせてしまいます。

まずは、足指のセンサーを装備して、接地感覚を拾い集め、大地とコンタクト可能な足への機能回復をめざしましょう。

## EX-9：足指（末端）【図28】

足指（末端）が鈍いと怪我・不調が生ずる。この部位を活性化することにともない、本来の運動能力の向上が見込まれる。

**《床でおこなう》**

**1**片膝立ちになる。

**2**左足の親指の爪の上に両手の親指を重ねる。

**3**重心をすこし前方へ移動する。

**4**床に足の親指が接触していることを感じ取る。他の足指に比べ接触が明確に確認できたらスリーカウント数える。

**5**次いで、第2足指、第3足指、第4足指、第5足指を同様におこない、足を変えて（右も）同様におこなう。

**《いすでおこなう》**

**1**いすに座る。

**2**左足の親指の爪の上に両手の親指を重ねる。

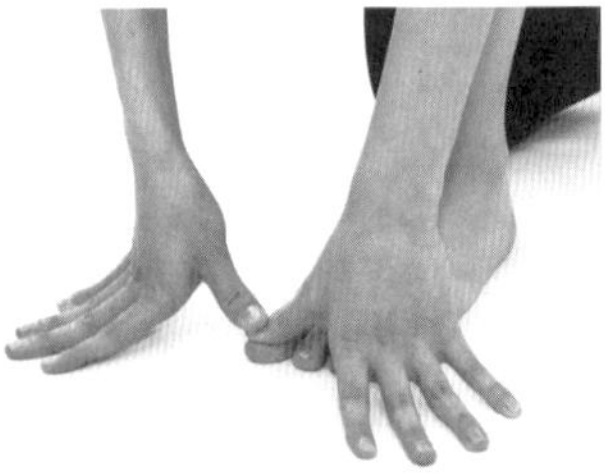

①左足の親指に右手の親指をのせ、左手の親指を重ねる

②重心を少し前方に移動する

**図28：足指（末端）**

**3** 重心をすこし前方へ移動する。

**4** 床に足の親指が接触していることを感じ取る。他の足指に比べ接触が明確に確認できたらスリーカウント数える。

**5** 次いで、第2足指、第3足指、第4足指、第5足指を同様におこない、足を変えて（右も）同様におこなう。

＊**ポイント…**足指（末端）は接地感覚を入力する。重心を少し前方へ移動するときは、感覚が拾いやすくなるように、両手、足の指に適度なカラダの重さが加わるようにする。指で爪を圧したり、カラダを極端に前方へ預けすぎると感覚を拾いにくい。また、膝が内側に入るとブレーキを入力することになってしまうので、アクセル入力（第４・５中足骨方向へ）を心がける。

①

②

いすでおこなう

### 足指（末端）が鈍いと起こる怪我・不調

大地と足の間で適切なやり取りをおこなえないために足裏の部分に集中する接地、接地面積が狭く不安定、衝撃を和らげることができずカラダにダメージを蓄積するなどの問題につながります。それにより、疲労骨折（足根骨《そっこんこつ》、中足骨《ちゅうそっこつ》）、外反母趾、浮きゆび、偏平足、足底筋膜炎、たこ、うおのめ、踵のガサガサ、爪栄養不足、爪変形、爪消失、冷えなどの怪我や不調を起こします。

### 足指（末端）の活性化にともない起こる能力向上

足指の接地感覚が厚くなることで足裏の圧を分散し、接地面積が広く安定し、衝撃を和らげることができます。大地と足の間で適切なやり取りが行われ、内外の刺激を確かな情報に処理することができ、バランスのとれた運動と感覚を実現することができます。

## 7 地球に対して重心軸を差し込む

私は、治療を深く探るうちに、症状から患者、患者から現代人、そして人間という順に、今は、ヒト（Homo sapiens ホモ・サピエンス）へと興味が変化してきました。現在は現代人の置かれている「現代社会」を取り除いたところで、ヒトの動きを観ています。シンプルイズベスト（Simple is best）という表現は単純素朴であることが最良である、という意味ですね。まさに、複雑化した現代人は難解であり、そのままを理解するのは難しい。そこで「ヒト」（生物学上の種、動物の一種としての人間）というシンプルな視点から「動き」の真相を究明するというのが私の作戦なのです。

すると、当然のことではありますが、運動学などの専門書に記載されているデータはすべて「現代人」から収集されたものになります。それは「本来のヒト」の動きから収集されたものではない。もちろんそれが間違っているわけではありません。しかしシンプルにヒトを考える、という時には、治療で学んだ知識なども思考の妨げになることがあり、すべての情報を鵜呑みにすることができなくなりました。

まずは、私の中の思い込みを捨てました。

幸いにもというべきでしょうか、私が経験した末梢神経麻痺からの回復は、「無《む》」から「有」の創造であり、これまで私が持っていた価値観を一掃し、複雑化したフィルターを取り払うことができたのです。

ここでいう「無」とは、実体のある「無」、すなわち、現実に即した「無」、何も無《な》いという現実です。「無」と「有」は、双方とも現実に即しており、カラダの世界に実在するリアルなのです。

一方で「意識」というのは、実体のある「無」の世界には存在していません。たとえば、ある機能が故障してしまった、あるいは機能が無い状態に対して「意識」は届きません。すなわち、

「無」が「無意識」なのではないのです。「無意識」というのは、機能が「有る」状態での意識なのです。あるいはわざわざ「意識」しなくても、機能がある、はたらく状態になっていることを言います。

現代病といわれるものの中には、このリアルの「無」に近い状態が潜んでいます。ある機能が故障しているのなら治さなければいけませんし、感覚が鈍く機能回復が望めなければ「意識」も「無意識」もそこにはおよびません。つまり、「無意識」だと思っていることは、本当は「無」で、「意識」しようと思っても「意識」に上がらない状態にある、ということです。

私は、「無」から「有」を創造しました。

そのために、まずは、地球の大地に足という土台を築き、腟を立てました。足には、カラダを支えるという役割を任せ、深部感覚が目覚めるだけの内外の刺激を与えました。骨は案外、頑丈なつくりをしており、未発達な筋肉でもカラダを支えることができます。

さすがに、動くとなると骨格ポジションを調節するだけの筋肉の回復が必要でした。このとき、筋力が弱くても、骨でカラダを支えることができると体験的に知りました。

さらに骨格筋《こっかくきん》の回復とともに動き出しに注目していきました。不安定ながらもカラダを骨格に任せてみると、動き出しが滑らかになり、逆に筋力でがっちり安定させていると動き出しが一瞬遅れます。連続する動きにおいても不安定ながらも骨格に任せている方が、筋力でがっちり安定させているよりも動きが滑らかで疲れにくい。

以前の私は抗重力筋《こうじゅうりょくきん》（大腿四頭筋《だいたいしとうきん》）などの筋力を携《たずさ》えて、重力に打ち勝たなければならないと思っていたのですが、骨格に任せることで「重力を無理なく受け入れる」という選択肢が生まれました。そして、重力を無理なく受けることができる骨格ポジションの重心位置が「ニュートラル」になりました。この重心は、骨格ポジション同様、いつでもどの方向にでもすぐさま動き出し可能なポイントです。

ニュートラル重心位置は、「お腹辺り」にあります。

くり返しになりますが、運動学の教科書に記載されている人間の重心位置「仙骨のやや前」というのは、この考えで行くと「後重心」になってしまいます。そうではなく、ニュートラルであるなら、ヒトの重心位置は「お腹辺り」にくるのです。さらに「お腹辺り」よりも前に位置する重心は、「前重心」となります。

そして、ニュートラル重心から地球の中心に向かう線を引いたとき、この線を「重心線」といいます。重心線は、直立姿勢で左右足のMP関節をむすぶ線と交わる点を貫きます**【図29】**。

深部感覚ルーティーンでセッティングする骨格ポジションは、重力を貫き、重心線は地球を貫いていくのです。

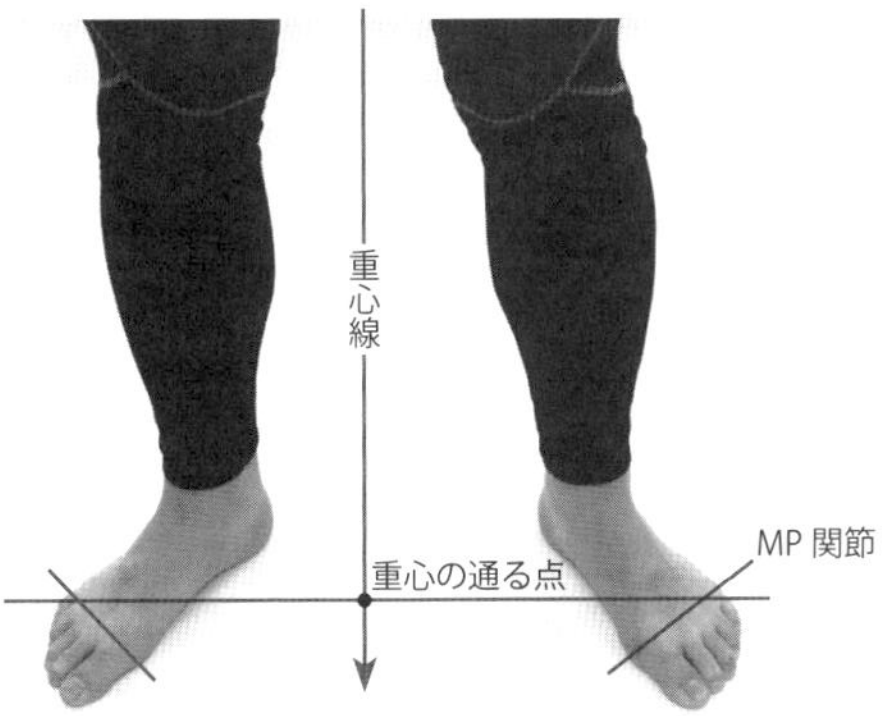


**図29：重心線が交わる点**

## 8 骨格の支持性

深部感覚ルーティーンで骨格ポジションをセットしていくと後重心が習慣にあった人は、重心のニュートラルポジションを前重心に感じると思います。これを「感覚のズレ」とよんでいます。ニュートラル重心の骨格ポジションが習慣になかったため、足指の末端機能が退化してしまった、あるいは足指の機能不全のために完全な接地が得られず、何とか骨格を保っているという、リアルな「無」に近い状態がそこには潜んでいると考えられます。つまり、このポジションの深部感覚が鈍く、無意識にそこに落ち着く感覚が得られず、平衡感覚の上で「前に行き過ぎている」と感じてしまうのです。深部感覚が目覚め始めると「無」に近い状態から「有」に近い状態になっていきます。そこで「感覚のズレ」が修正されていき、さらにその状態が無意識の状態へと落ち着いていきます。

ニュートラル重心の骨格ポジションは、重力を無理なく受けることができます。

深部感覚のペアワークでは「重さをかす」「重さをかりる」ということをおこないます。わかりやすくいうと、ペアで組体操をするようなワークの形になります（詳細は一六七ページ以降を参照）。

一方で、いま小中学校の運動会において、かつての花形「組体操」では、重篤な怪我が問題になっています。高所からの落下、及びその衝撃で骨折、上肢切断、歯牙障害、脊柱障害などの事故事例が多発しているそうです。

組体操において、ピラミッドなどの大技を完成させるためには土台を安定させなければなりません。しかし、子供の運動会に参加して組体操を見ていると、土台の子が不安定でブルブル震えながら頑張っているのが目に付きます。その危うさには本当にハラハラさせられます。

それは、子供たちが「骨で支える」ということに慣れておらず、筋力で頑張っているために、重さに対して疲労しやすく、不安定になっているのです。では、運動会の練習でどのくらい組体操に時間をかけられれば、安定した土台をつくることができるのでしょうか？

もし、組体操（に限りませんが）に取り組むのであれば、私は練習量ばかりでなく、同時に現代の子供たちのカラダの癖を修正することが必要だと考えています。骨で支える姿勢をつくる、ということです。しかし、安定が筋力から生まれるものだと思い込んでいる子供たちが少なくありません。大人でさえも常識的に安定は筋力によるものだと思い込んでいますし、子供たちのカラダにさまざまな癖が出現するのも環境として仕方がないのかもしれません。

四つん這いの姿勢でも重力を無理なく受けることができます【図30】。

それは、上腕骨、橈・尺骨、大腿骨、を垂直に立てることにより、骨の支持性が高まり安定した骨格ポジションを保つことによって可能になります。

一方で、四つん這いの姿勢を不安定にするのは、脇を空けて支える癖です。脇が開くと上腕骨、橈・尺骨が傾いて支持性が低くなります。ですから、子供のように筋力が弱い場合は、疲労しやすく不安定になってしまうのです。

図 30：重力を無理なく受ける姿勢

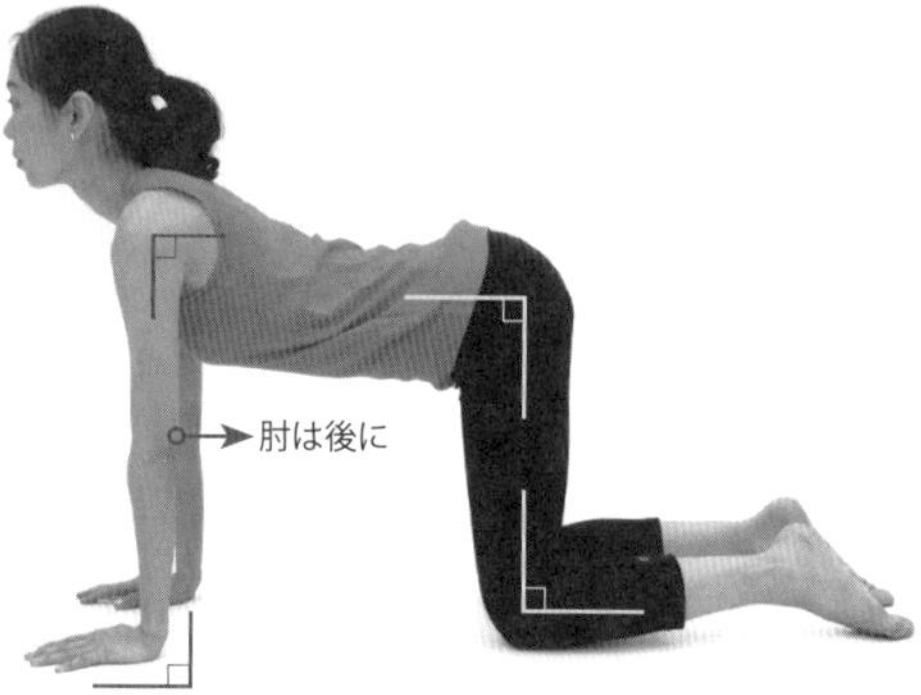


四つん這い

重力を筋肉で受ける姿勢

また、支持性の低い状態では、カラダが大きい大人の場合でも筋肉が疲労しやすく、不安定になります。一般に腕立て伏せは、「ハの字」で手をついて脇を空け、筋肉に負荷をかける姿勢をとっておこなうことが多いと思います。しかし、骨の支持性をあげる腕立て伏せの姿勢（詳細は『〝動き〟のフィジカルトレーニング』のエクササイズを参照ください）**【図31】**は脇を空けません。手は「逆ハの字」になります。

子供たちのカラダの癖の原因は、一般の腕立て伏せのイメージが強いことにあるのか、あるいは、目的に適した姿勢に応変できない深部感覚の薄さが問題なのか、いずれにせよ、カラダの癖を修正して骨格の支持性を高めることが大切です。

深部感覚ルーティーンでは、骨格の頑丈さの実感を積み重ねます。骨格の頑丈さは、骨の支持性の高さであり、重力を無理なく受けることができている証なのです。

**図31：骨の支持のある腕立て伏せ**

プッシュアップ

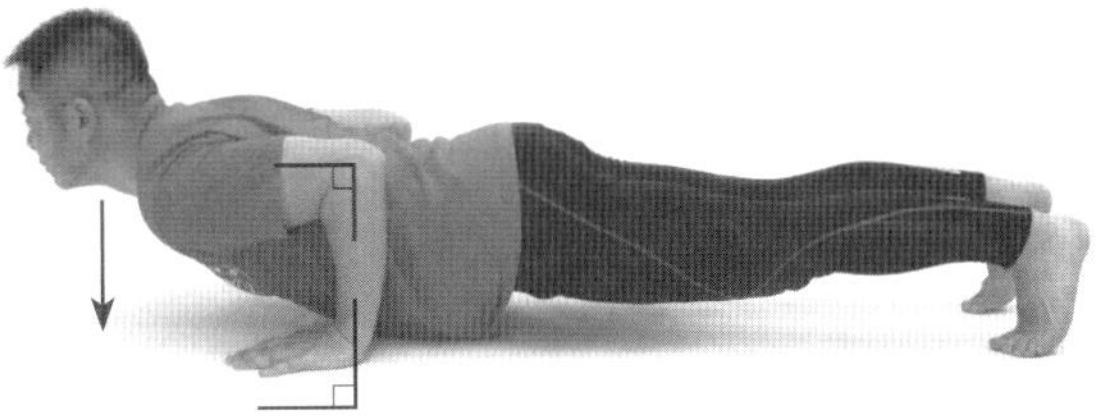

プッシュダウン

## 9 深部感覚ルーティーン――セルフケア（ひとりでできること）

深部感覚が薄い、あるいは鈍い状態を濃く、厚くしていくには、重力を無理なく受けることができる骨格位置において位置覚、運動覚、重量覚などの感覚を拾い集め、感覚を幾重にも重ねていくことが必要となります。

いよいよここからは、実践的に深部感覚を入力するトレーニングにチャレンジしていきましょう。

深部感覚の入力とは、

**①触圧覚**（触れる）、**視覚**（見る）**などから骨の位置を決定し、**
**②自分の重さ**（自重）**を加え、**
**③骨の位置を維持するために、自らの運動で内部に生じる刺激を感知し、感覚にすること**

です。最初はそれぞれの入力を一つひとつ丁寧におこなっていきます。

深部感覚の入力に慣れたら、ルーティーンを通しでおこないます。深部感覚ルーティーンは、「左」からはじめ、左右を比較して確認し、変化・効果を確かめながらすすめていきます。

深部感覚ルーティーンのポイントは、姿勢よくおこなうことです（脇が空かないように、視線は常に正面を向く）。カラダ全体の骨格ポジションを維持することで、重心移動、重さの感覚が鮮明になり、効果を得やすくなります。

### 床＋いすでおこなうセルフのルーティーン

次の様な順番でおこないます。

●足指（末端）→脛→大腿→骨盤→手指（末端）→前腕→上腕→頭蓋骨（セット）

最初は、それぞれ個別におこなって、やり方と入力の感じを覚えてもかまいません。足指への入力は【EX‐9】で紹介しましたので、そちらを参照の上、そこから始めてみてください。

## EX‐10：脛【図32】

**《床でおこなう》**

1　片膝立ちで左脛を垂直に立てる。

図32：深部感覚・脛①

**2** 両手を重ね膝の上に置く。重心をすこし前方へ移動する。カラダの重さが加わり、その重さを脛骨の垂直（長軸方向）で受けることができていたら、「骨の頑丈な感覚」「骨の安定した感覚」などの手応えがある。脛骨垂直を確認できたらスリーカウント数える。

**3** 右手で脛の下端を把握、左手は膝の上に置く。さらに重心が前方へ移動し、カラダの重さが加算される。その重さを脛骨垂直で受けることができていたらスリーカウント数える。

**4** 左右の手で脛骨の下端を把握する。さらに重心が前方へ移動し重さが加算される。脛骨垂直を確認できたらスリーカウント数える。

②重心を前方に移す

③右手で左の足首を保持し、垂直方向に圧をかける

④左右の手で足首を把握し、地面に脛骨を突き刺す

⑤そのままアクセル方向に乗り込んでいく

**5** 4から、さらに重心を前方へ移動し、足関節をアクセル方向（第4・5中足骨ライン上）へ。足関節の背屈角度が深まり、しっかり足に乗り込んだらスリーカウント数える。

**6** 足を変え右も同様におこなう。

**《いすでおこなう》**

**1** 左脛を垂直に立てる。

**2** 両手を重ね膝の上に置く。重心をすこし前方へ移動する。カラダの重さが加わり、その重さを脛骨の垂直（長軸方向）で受けることができていたら、「骨の頑丈な感覚」「骨の安定した感覚」などの手応えがある。脛骨垂直を確認できたらスリーカウント数える。

**3** 右手で脛の下端を把握、左手は膝の上に置く。さらに重心が前方へ移動しカラダの重さが加算される。その重さを脛骨垂直で受けることができていたらスリーカウント数える。

**4** 左右の手で脛骨の下端を把握する。さらに重心が前方へ移動し重さが加算される。脛骨垂直を確認できたらスリーカウント数える。

**5** 4から、さらに重心を前方へ移動し足関節をアクセル方向（第4・5中足骨ライン上）へ。足関

いすでおこなう・脛①

節の背屈角度が深まり、しっかり足に乗り込んだらスリーカウント数える。

**6** 足を変え右も同様におこなう。

***ポイント…**脛骨は垂直に立てると一本の骨で八〇キロくらいは簡単に無理なく受けることができる。カラダの重みが加わったときにグラグラと不安定になる、あるいはブルブルと筋肉のがんばりが必要な場合は、脛骨の長軸方向に力が向かっていない。再度、脛骨の垂直位置を探ること。

足関節のアクセルは、お皿（膝蓋骨）が第4・5中足骨ライン上を通過する。ブレーキは、お皿（膝蓋骨）が母趾球の方向を向く。足関節をアクセル方向へ可動するときは、足裏全体で接地し踵が浮かないようにすること。また、つま先が力み過ぎ、足指が逆に曲がる（伸展）踏ん張り方は、動きにブレーキを加える要素になるので、足の骨格筋回復（二三一ページ以降参照）と同時進行で機能回復をすすめる必要がある。

②重心を前方に移す

③右手で左の足首を保持し、垂直方向に圧をかける

④左右の手で足首を把握し、地面に脛骨を突き刺す

⑤そのままアクセル方向に乗り込んでいく

## 脛骨の感覚が鈍いと起こる怪我・不調

脛骨の垂直位置が保てないと、カラダを支える骨の役割を筋肉が代替しなくてはならなくなります。過労働を強いられる筋肉は疲労しやすく、怪我につながりやすい。結果として、足関節捻挫、疲労骨折、シンスプリント、アキレス腱炎、アキレス腱断裂、コンパートメント症候群、腓《ひ》腹筋《ふくきん》肉離れ、下腿の変形などの怪我や不調をひき起こす原因となります。

## 脛骨の感覚の活性化にともない起こる能力向上

脛骨の垂直位置が保たれることにより、カラダを無理なく支えることができます。この脛骨垂直位置を基準に、足関節のアクセル方向へ脛骨が前傾することで、足関節の背屈可動域を十分に機能させることができます。関節の役割は重心を運ぶこと。すなわち、重心移動が滑らかになり、パフォーマンスの向上を可能にします。

# EX-11：大腿【図33】

《床でおこなう》

1　四つん這いになる。

**2** 床についている左手と右手を入れ替える。左手があった位置に右手がきて、右手と左右の膝の三点でカラダを支える。左手をフリーにする。

**3** 左手を左股関節の上に置く。胸をしっかり起こして大腿骨の「骨の頑丈な感覚」「骨の安定した感覚」などの手応えを感じる。大腿骨垂直で長軸方向で無理なくカラダを支えることができたらスリーカウント数える。

**4** 右も同様におこなう。

**図33：深部感覚・大腿**

①四つん這いになる

②左手に右手を重ねる

③手を入れ替えて、左手で左大腿骨の垂直方向に圧をかける

***ポイント…**膝をつくポイントはお皿（膝蓋骨）の下、脛骨粗面（脛の上端）。大腿骨に手の重みが加わったときにグラグラと不安定になる、あるいはブルブルと筋肉のがんばりが必要な場合は、大腿骨の長軸方向に力が向かっていない。再度、大腿骨の垂直位置を探ること。大腿骨は、想像以上に深部感覚が鈍い傾向にある。感覚を幾重にも重ねていくことが大切だ。

## 大腿骨の感覚が鈍いと起こる怪我・不調

大腿骨の垂直位置が保てないとカラダを支える骨の役割を筋肉に仕事を任せなければなりません。過労働を強いられる筋肉は疲労しやすく怪我につながりやすい。結果として、疲労骨折、膝関節靭帯損傷、膝関節半月板損傷、変形性膝関節症、ジャンパー膝、ランナー膝、オスグット病、大腿肉離れ、大腿筋の痛み、大腿の変形などの怪我や不調を起こします。

## 大腿骨の感覚の活性化にともない起こる能力向上

大腿骨の垂直位置が保たれることによりカラダを無理なく支えることができます。大腿骨には膝関節と股関節を動かす筋肉が付着しています。大腿骨垂直位置を基準にすることによりこれらの筋肉が整い、骨格ポジションをバランスよく調節することができます。大腿骨と骨盤の関係は股関節の動きにつながります。大腿骨の感覚の活性化は、足の自由を手に入れパフォーマンス向上を可能にします。

# EX-12：骨盤【図34】

**《床でおこなう》**

**1** 正座で座る。お皿の下、脛骨粗面に加重して左右の圧を均等にする。

**2** 坐骨結節を後方で確認、上前腸骨棘《じょうぜんちょうこつきょく》から腸骨稜《ちょうこつりょう》を辿り、腸骨稜の天辺に両手の手根を当てる。胸をしっかり起こして骨盤の「骨の頑丈な感覚」「骨の安定した感覚」などの手応えを感じる。骨盤を垂直に立てることができたらスリーカウント数える。

図 34：深部感覚・骨盤

①正座

②坐骨結節を確認する

③上前腸骨棘を確認する

④腸骨稜を確認する

**《いすでおこなう》**

**1** いすに座る。骨盤幅に足を開き、左右の脛骨を垂直に立てる。

**2** 基本ポーズで座面に恥骨が接触する骨盤ポジションにセットする。両足、座面の三点でカラダを支える。

**3** 坐骨結節を後方で確認、上前腸骨棘から腸骨稜を辿り、腸骨稜の天辺に両手の手根を当てる。胸をしっかり起こして骨盤の「骨の頑丈な感覚」「骨の安定した感覚」などの手応えを感じる。骨盤を垂直に立てることができたらスリーカウント数える。

⑤腸骨稜の天辺に両手手根をあてて垂直に圧をかける

いすでおこなう

①基本のポーズ１

②基本のポーズ２

③基本のポーズ３

④座面に恥骨が接触
するポジションに

⑤坐骨結節を確認する

⑥上前腸骨棘を確認する

⑦腸骨稜を確認する

⑧腸骨稜の天辺に両手手根をあてて垂直に圧をかける

＊**ポイント…**［床］正座はお尻で踵に加重すると、二本の脛骨が箸置きに置かれたように膝の方が浮いてしまう。正座は、無理なくカラダを支えるポジションで脛骨全体を床に接地して安定させる。そのためには、脛骨粗面に加重をかける。普段、後重心に慣れている人は、かなり前重心に感じるが、そのくらい正座姿勢は難しいものである。しかし、脛骨粗面を指標とすることで、坐骨結節を後方で確認しやすくなり、骨盤の垂直位置がわかりやすくなる。

［いす］座面に対して骨盤の坐骨結節を接触して座ると、接触面が狭く不安定（骨盤後傾）になる。座面に対して恥骨と坐骨を接触して座ると接触面が広く安定（骨盤垂直）する。骨盤垂直位の指標は、坐骨結節が後方を向いている、恥骨で加重の二つ。恥骨加重の結果、両大腿後面が座面接触をかなり補ってくれるのでカラダを無理なく支えることができる。

## 骨盤の感覚が鈍いと起こる怪我・不調

骨盤の垂直位置（骨盤立位）は、股関節のフリーポジションです。骨盤後傾がブレーキ、骨盤前傾がアクセルになります。骨盤の感覚が鈍い場合は、骨盤が後傾して股関節にブレーキをかけている傾向にあります。それにより、変形性股関節症、股関節可動制限、股関節痛、腰痛、坐骨神経痛、梨状筋症候群、痔、尿漏れ、内臓圧迫など怪我や不調が起きる原因となります。

## 骨盤の感覚の活性化にともない起こる能力向上

骨盤の垂直位置が保たれることにより股関節のフリーポジションから、いつでも動き出し可能になります。さらに、大腿骨垂直、脛骨垂直、足裏全体接地で下肢の骨格ポジションが整うことでカラダを無理なく支えることができ、下肢の自由な動きを手に入れることができます。

# EX-13：手指（末端）【図35】

**《床でおこなう》**

1 正座で座る。
2 左手を前につく。
3 左親指の爪の上に右親指先を軽く置く。

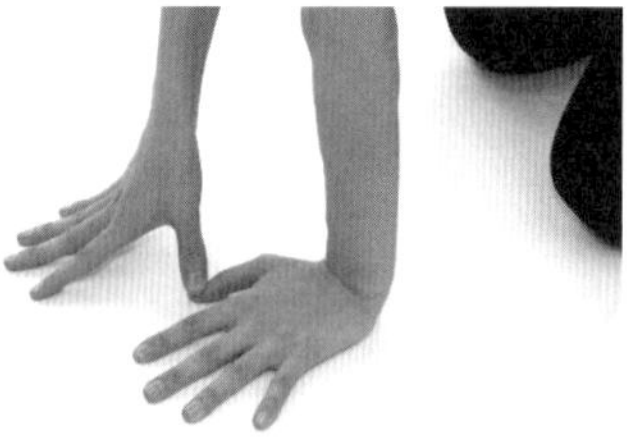

指のポジション

**4** 重心をすこし前方へ移動する。

**5** 床に左親指が接触していることを感じ取る。他の手指に比べ接触が明確に確認できたらスリーカウント数える。

**6** 次いで、第2指、第3指、第4指、第5指を同様におこない、手を変え右も同様におこなう。

**《いすでおこなう》**

**1** 座面に左手を前につく。

**2** 左親指の爪の上に右親指先を軽く置く。

**3** 重心をすこし前方へ移動する。

**4** 座面に左親指が接触していることを感じ取る。他の手指に比べ接触が明確に確認できたらスリーカウント数える。

**5** 次いで、第2指、第3指、第4指、第5指を同様におこない、手を変え右も同様におこなう。

**図35：深部感覚・手指（末端）**

①左手の親指に右手の親指を重ねる

②重心を前方に移す

＊**ポイント…**手指（末端）は末端の接触感覚を入力する。重心を少し前方へ移動するときは、感覚が拾いやすくなるように、手の指に適度なカラダの重さが加わるようにする。一方、指で爪を圧したり、カラダを極端に前方へ預けすぎると感覚を拾いにくい。

いすでおこなう

①座面に手をつき、左手の親指に右手親指を重ねる

②重心を前方に移す

## 手指（末端）が鈍いと起こる怪我・不調

手指（末端）の感覚が鈍いということは、第1関節（遠《えん》位《い》指《し》節《せつ》間《かん》関節＝DIP）の感覚・運動が鈍いということになります。手指の親指以外の4指は、第2関節（近《きん》位《い》指《し》節《せつ》間《かん》関節＝PIP）、第3関節

（中手《ちゅうしゅ》指《し》節間《せつかん》関節＝MP関節）、第4関節（手根《しゅこん》中手《ちゅうしゅ》関節＝CM関節）、手根間関節という複数の関節からなります。親指はDIPとPIPの代わりに指節間関節（＝IP）からなります。感覚・運動が鈍い関節があると、その関節の役割を他の関節に負担させることになります。それにより、腱鞘炎、変形性関節症、手根管症候群、突指、冷え、むくみ、爪の栄養不足、たこ、まめ、イボ、可動制限など怪我や不調が起きる原因となります**【図36】**。

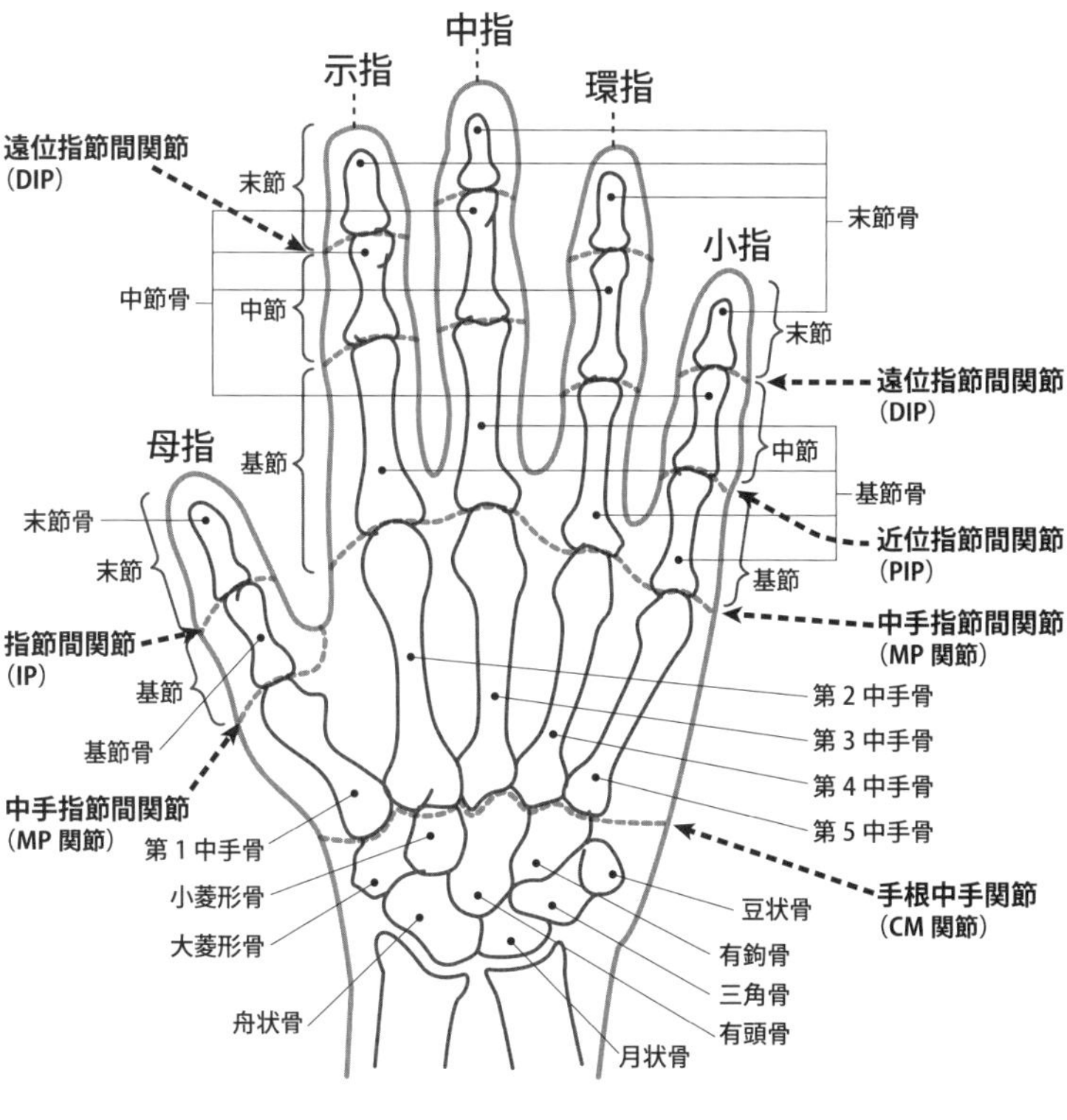


**図 36：手関節図**

## 手指（末端）の活性化にともない起こる能力向上

手で道具を扱う、手で物に触れる、手指で細かな作業をするなど、ヒトの手指は巧緻性に優れており、さまざまなものを創造し生み出すことができます。手指（末端）の感覚・運動は、普段、もっとも身近で多様な仕事に関わっているためか、かえって気に留められることが少ないと思います。

手指（末端）のワークの前後でグーパーして手を握り比べてみてください。ワークをした後では、末端から手を握り込む感覚を体感できると思います。手指（末端）が活性化することで、内外の刺激を末端で感知し、その情報を中枢で処理し、末端に必要な指令を伝え、運動をおこなうことが精密にできるようになります。

つまり、手指（末端）は内外の情報を知るためのセンサーであり、さらに知り得た情報から創造を生み出す運動器でもあるのです。

## EX-14：前腕【図37】

**《床でおこなう》**

**1** 正座をして基本ポーズを行なってから、四つん這いになる。

**図 37：深部感覚・前腕**
①正座から基本のポーズ 1
床に手をつくルーティーンのときは共通

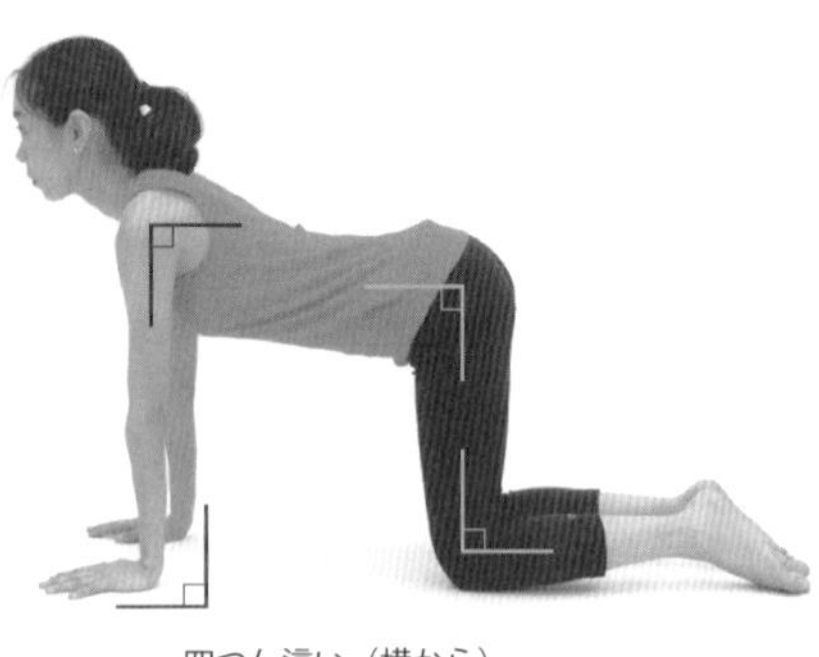

四つん這い（横から）

**2** 左前腕下端を右手で把握する。左手、左右膝の三点で支える。

**3** 重心を少し前方へ移動する。

**4** カラダの重さが加算され、その重さを左前腕の尺骨と橈骨が垂直位置（長軸方向）で受けることができていたら、「骨の頑丈な感覚」「骨の安定した感覚」などの手応えがある。前腕の垂直を確認できたらスリーカウント数える。

**5** 同様に右をおこなう。

**《いすでおこなう》**

**1** いすの座面に手をつく。

**2** 左前腕下端を右手で把握する。

**3** 重心を少し前方へ移動する。

②基本のポーズ2

③基本のポーズ3

④小さく前へならえ

⑤前腕を回内させる

⑥手をついて四つん這いになる

⑦右手で左手首を把握する

⑧重心を前方に移し、垂直方向に圧をかける

**4**カラダの重さが加算され、その重さを左前腕の尺骨と橈骨が垂直位置（長軸方向）で受けることができていたら、「骨の頑丈な感覚」「骨の安定した感覚」などの手応えがある。前腕の垂直を確認できたらスリーカウント数える。

**5**同様に右をおこなう。

いすでおこなう

①座面に手をつき、右手で左手首を把握する

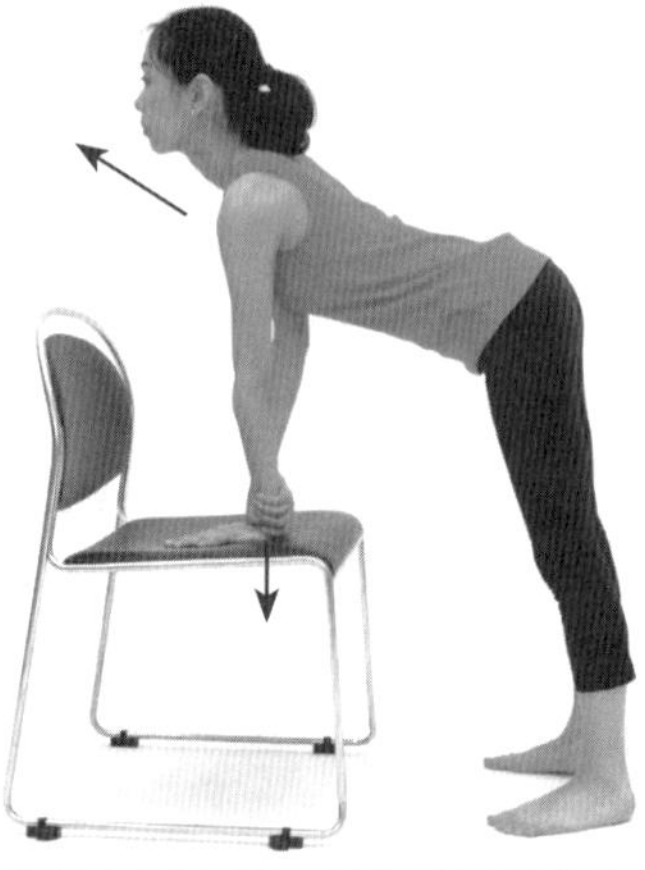

②重心を前方に移し、垂直方向に圧をかける

***ポイント…**小さく前へならえの状態から、肘の外側の関節（腕橈関節）で手の平を下へ向ける（前腕を回内）と橈骨と尺骨がパラレルからクロスポジションになる。前腕の橈骨と尺骨は、クロスした骨の位置になると長軸方向への力に強くなる**【図38】**。

**図38：**
基本ポーズを行なってから、
小さく前へならえ

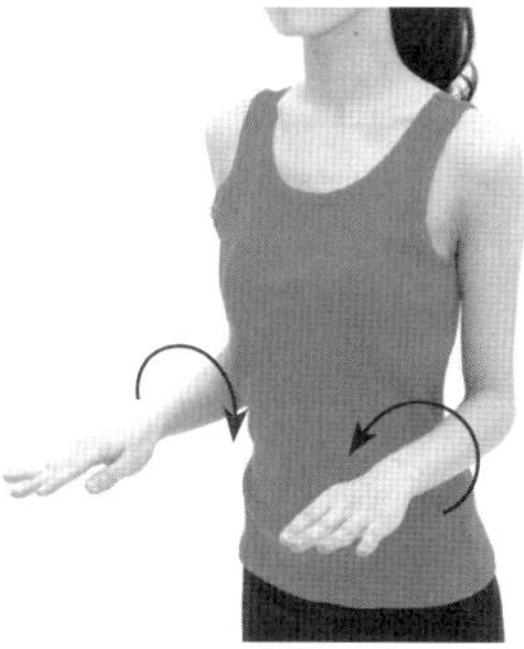

①回内

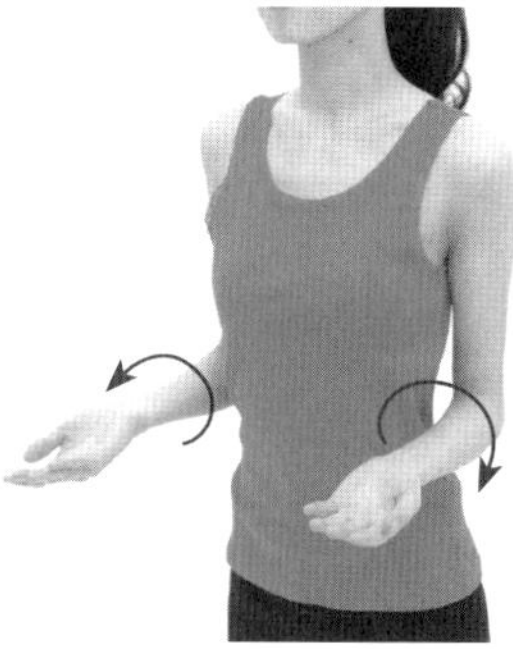

②回外

## 前腕の感覚が鈍いと起こる怪我・不調

腕立て伏せなどで自分のカラダ（自重）を支えることが苦手という場合は、前腕の垂直位置を保てないことが考えられます。特に女性に多く見られるのですが、両手で自分の重さを上手く支えることができず、両肘を伸ばして突っ張り、後ろに重心を残して無意識的に前方への重心移動を抑えているようです。その状態でバランスを崩した場合には、滑らかにコロリと転がることができません。腕をガチガチに突っ張ったままで転倒すると、前腕の下端部を骨折あるいは負傷しやすくなります。

また、手の平を下へ向ける動作においては、意図せず前腕と上腕が一まとめで内側へ回旋してしまう人が多いと思います。手の平を下へ向ける動作は前腕の回内《かいない》、手の平を上に向ける動作は前腕の回外《かいがい》といいます。前腕は肘の外側の関節（腕橈《わんとう》関節）で内外に回旋します。しかし、前腕の感覚が鈍いと腕橈関節の存在に気づかず、手首（手関節）で前腕を回旋してしまいます。つまり、肘の外側の関節（腕橈関節）の役割を他の関節や筋肉に負担させてしまっているのです。その結果、野球肘、テニス肘、ゴルフ肘、離断性骨軟骨炎《りだんせいこつなんこつえん》、コーレス骨折、フォーカルジストニア、前腕の痛みなど怪我や不調を起こす原因となります。

## 前腕の感覚の活性化にともない起こる能力向上

両手は前腕の垂直位置を保つことでカラダを無理なく支えることができます。逆にいえば、前腕の垂直位置を基準に据えることにより、安定したカラダのポジションで手作業ができます。前腕が役割を果たすことで上腕と体幹は、適切な関係を保つことができます。動作において、脇が甘い、脇が空く、といわれる不十分な姿勢は、前腕が十分な機能を果たしていないために、前腕と上腕が区別されることなく一まとめで動いてしまっているのです。

動作の基本は、脇を締める、といわれるように、上腕と体幹が適切なポジションを保つことにより良質な動きが可能になるのです。

## EX-15：上腕【図39】

**《床でおこなう》**

**1** 正座をして基本ポーズから両肘、両膝をついて四つん這いになる。

**2** 左上腕下端を右手で把握する。左肘、左右膝の三点で支える。

**3** 重心を少し前方へ移動する。

**4** カラダの重さが加算され、その重さを左上腕骨が垂直位置（長軸方向）で受けることができていたら、「骨の頑丈な感覚」「骨の安定した感覚」などの手応えがある。左上腕の垂直を確認できたらスリーカウント数える。

**5** 同様に右をおこなう。

図39：深部感覚・上腕

①両肘・両膝をついて四つん這いになる

②右手で左上腕下端を把握する

③重心を前方に移す

**《いすでおこなう》**

**1**座面に左肘をつく。

**2**左上腕下端を右手で把握する。

**3**重心を少し前方へ移動する。

**4**カラダの重さが加算され、その重さを左上腕骨が垂直位置（長軸方向）で受けることができていたら、「骨の頑丈な感覚」「骨の安定した感覚」などの手応えがある。左上腕の垂直を確認できたらスリーカウント数える。

**5**同様に右をおこなう。

＊**ポイント…**床や座面に前腕全体を接触して、上腕を安定させて立てる。上腕骨にカラダの重みが加算したときにグラグラと不安定になる、あるいはブルブルと筋肉の頑張りが必要な場合は上腕骨の長軸方向に力が向かっていないといえる。再度、上腕骨の垂直位置を探ること。上腕骨は、想像以上に深部感覚が鈍い傾向にある。感覚を幾重にも重ねていくことが大切となる。

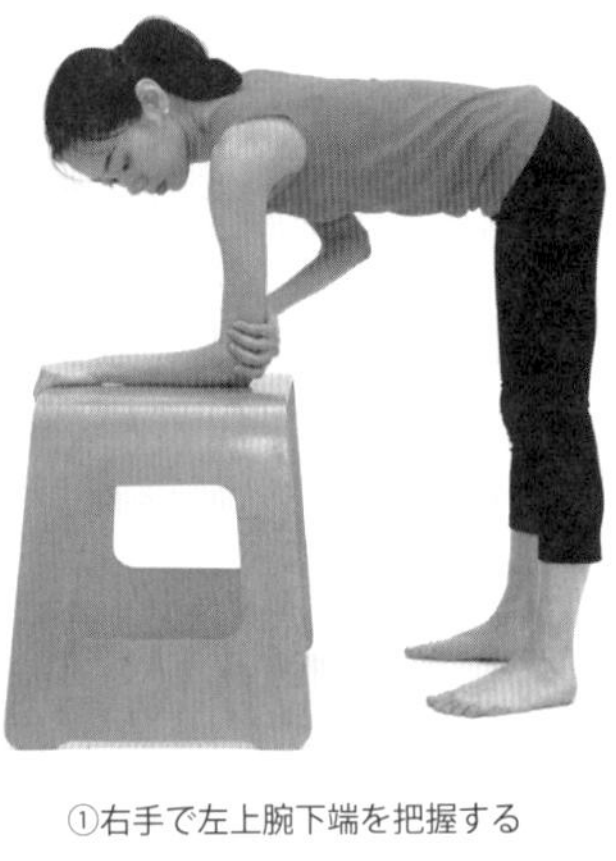

①右手で左上腕下端を把握する

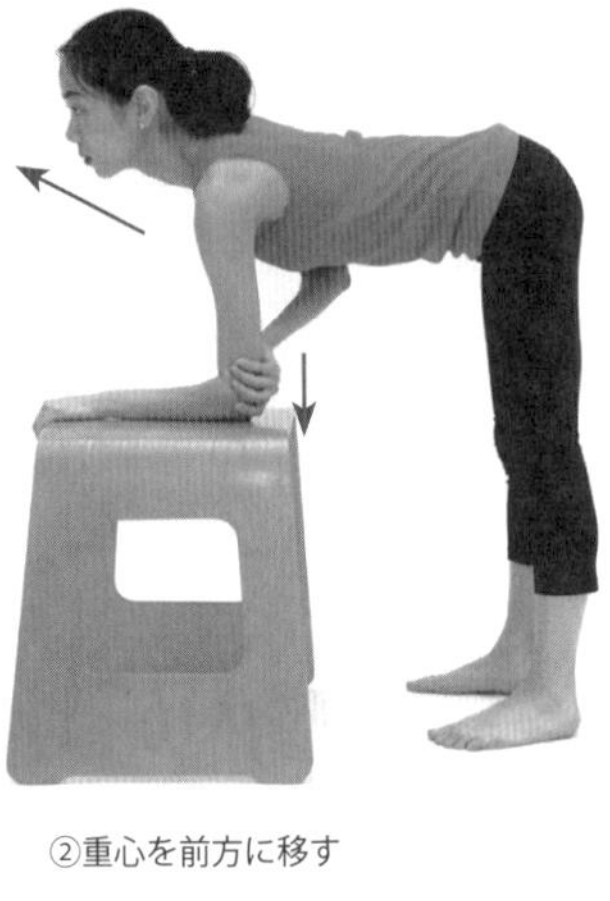

②重心を前方に移す

いすでおこなう

## 上腕の感覚が鈍いと起こる怪我・不調

直立姿勢において上腕を垂直に保つことが大切です。しかし、上腕が内側に巻いていたり、上がったり、あるいは脇が空いて上腕が傾いている人が多く見受けられます。そのため、さまざまな筋肉が作用して上腕ポジションを保持しなければなりません。長時間、不自然なポジションを保つために筋肉が作用し続けることで疲労がたまり、肩こり症状などで悩んでいる人が多いのです。

また、上腕垂直の基準をもたない動作は、上腕骨が傾いたまま動かなければならないためにさまざまな負荷をかけることになります。その結果、野球肩（リトルリーガーズショルダー）、腱板損傷、上腕《じょうわん》二《に》頭筋《とうきん》長頭《ちょうとう》腱炎《けんえん》、肩関節周囲炎（五十肩、四十肩、フローズンショルダー）、肩痛、イップスなど怪我や不調を起こす原因となります。

## 上腕の感覚の活性化にともない起こる能力向上

両腕は、上腕骨を垂直位置で保つことにより、カラダを無理なく支えることができます。逆にいえば、上腕の垂直位置を基準に据えることにより、安定したカラダのポジションで動作をおこなうことができます。さらに、手指（末端）、前腕垂直、上肢の骨格ポジションが整うことでカラダを無理なく支えることができ、上肢の自由な動きを手に入れることができます。うで（上肢骨）

は、胸の関節（胸鎖関節）から動く仕組みになっています。うで（上肢骨）の感覚が鈍くなっている場合は、主に肩関節で動きをまかなってしまい、問題につながります。

ヒトの四肢は、体幹から動く仕組みになっています。うで（上肢骨）の感覚が活性化することで体幹（胸鎖関節）からうで（上肢骨）を動かすことが可能になるのです。

# EX-16：頭蓋骨（セット）

EX-3でも紹介しましたが、重要な箇所なので詳説しておきます。

**《床でおこなう》**（七九ページ：図14を参照）

**1** 立位で基本ポジションをとる。

**2** 耳の後ろの骨の出っ張り（側頭骨乳様突起）に親指を当てて、両手で頭蓋骨をつつみこむ。

**3** 両肘を正面に向けて頭を安定させる。

**4** 鼻と耳の穴の線（鼻棘耳孔線）を水平に保ったまま、頭蓋骨をベクトル方向（斜め前上）へ誘

図40：深部感覚・頭蓋骨

①側頭骨乳様突起に親指を当てて、
両手で頭蓋骨をつつみこむ

導する。

**5**首と胸（頸椎と胸郭）を立てて、視界が広がったことを確認できたら「セット！」と声に出して新たな骨格ポジションを脳に上書きする。

**《いすでおこなう》【図40】**

**1**足裏全体で接地、脛垂直、骨盤垂直で座る。

**2**耳の後ろの骨の出っ張り（側頭骨乳様突起）に親指を当てて、両手で頭蓋骨をつつみこむ。

**3**両肘を正面に向けて頭を安定させる。

**4**鼻と耳の穴の線（鼻棘耳孔線）を水平に保ったまま、頭蓋骨をベクトル方向（斜め前上）へ誘導する。

**5**首と胸（頸椎と胸郭）を立てて、視界が広がったことを確認できたら「セット！」と声に出して新たな骨格ポジションを脳に上書きする。

＊**ポイント…**特殊感覚（眼・鼻・耳・舌）が機能を発揮するポジションは、頭蓋骨が鼻と耳の穴の線（鼻棘耳孔線）を水平に保つ位置。両手で頭蓋骨をつつむときは親指と人差し指の間に耳を出しておく。視界が広がるポジションで視覚とともに周りの音が拾いやすくなり、聴覚が活性化しやすくなる。

②鼻棘耳孔線を水平に保ったまま、頭蓋骨をベクトル方向（斜め前上）へ誘導する

## 頭蓋骨の感覚が鈍いと起こる怪我・不調

頭蓋骨が鼻棘耳孔線水平位置を保てないと、特殊感覚（眼・鼻・耳・舌）の機能が低下します。また、脊柱の天辺で頭をバランスよく支えることができないために顔や首の筋肉に負担がかかります。そして、顎関節や頸椎などの関節は頭蓋骨が無理なポジションにあるために可動制限を強いられます。その結果、噛み合わせ不適合、はぎしり、くいしばり、歯痛、頸椎症、ストレートネック、顔面神経麻痺、頭痛、蓄膿症《ちくのうしょう》、いびき、無呼吸症候群、肩こり、眼精疲労、めまい、耳鳴り、特殊感覚機能低下、など怪我や不調を起こす原因となります。

## 頭蓋骨の感覚の活性化にともない起こる能力向上

頭の重さは五～六キロくらいあるといわれます。ボーリングの球ほどの重さの頭を脊柱の天辺にバランスよく保つためには、土台となる骨格ポジションが重力を無理なく受けることができる位置で安定していることが大切です。

ヒトの動きは、このヘッドウエイトをコントロールすることで自在な動きが可能になっています。逆にいうとヘッドウエイトのコントロールを失うと動けなくなります。まだ、筋力が未発達の赤ちゃんは、ハイハイで床を這って移動するときは胸を立てて頭を天辺に乗せています。赤ちゃんが疲れて頭を床に下ろしているときは、移動を止めて休んでいるときです。

また、他人の行動や言葉を制することを「頭を抑える」といいます。ヒトは頭を抑えつけられると前へ進めなくなるのです。

頭蓋骨のポジションは、自在な動きを可能にするためのスイッチなのです。そして、頭蓋骨は脳という中枢の司令塔を保護し、特殊感覚を備え、生命活動の大役を担っているのです。

## 10 深部感覚ペアケア（ふたりでできること）

深部感覚ルーティーンは、重力を無理なく受けることができる骨の位置で「骨の頑丈な感覚」「骨の安定した感覚」などの手応えを得て、その骨の位置の感覚、運動の感覚、重さの感覚を拾い集め、内部環境を実体化していきます。

セルフケア（ひとりでできること）で感覚がわかり難い場合は、ペアケア（ふたりでできること）でパートナーから「**重さをかりる**」ことで「骨の頑丈な感覚」「骨の安定した感覚」がわかりやすくなります。自分の重さ（自重）でわかり難い感覚もパートナーの重さが加算されることで骨が受ける重さを実感しやすくなります。

ペアケア（ふたりでできること）は、パートナーから「重さをかりる」こととパートナーに「**重さをかす**」ことを深部感覚の回復に活用します。やり方は、パートナーに「重さをかしてください」と依頼します。パートナーは「はい、よろこんで」と依頼を引き受けます。

「重さをかりる」場合は、感覚を拾うことに集中し、「骨の頑丈な感覚」「骨の安定した感覚」などの感覚を得る。パートナーの重さが加算されてもなお、無理なく支えることができる骨格ポジションを実感する。

その骨格ポジションの確認ができたらパートナーに重さをかけるのを止めてもらいます。また、重さが加算されてグラグラと不安定になったり、あるいはブルブルと筋肉の頑張りが必要な場合は、重力を無理なく受ける骨格の位置にありません。再度、骨格位置を探ってみてください。「重さをかす」場合は、パートナーに自分の体重をゆっくり預けてゆきます。決して、力任せに圧してはいけません。重さをかすのを止めるときは、ゆっくりと戻ります。

パートナーは相手のポジションに修正する必要があればアドバイスをします。パートナーの重さを自分の重さに加算するためには、相手の肩などに手を添え、互いのポジションが一体となることで重さを調和させます。ペアケアに慣れてきたら互いに胸を起こして無理のない骨格ポジションで「重さのかしかり」を心がけます。

## 床＋いすでおこなうペアケアのルーティーン

● 足根骨→脛→骨盤→大腿→前腕→上腕→頭蓋骨（セット）

# EX-17：ペアケア・足根骨【図41】

**《床でおこなう》**

**受ける側**

片膝立ちで左脛を垂直に立てる。

**取り側**

**1** 相手の左側に位置する。

**2** 相手の足の甲を把握する（左親指→足の舟状骨、左4指→立方骨までの足根骨）。右手は左手の上に置く。

**3** ゆっくりと重さを預ける。

**受ける側**

骨格の強さを確認できたら、スリーカウント数える。

同様に右をおこなう。

**《いすでおこなう》**

**受ける側**

基本ポーズから、いすに座って左脛を垂直に立てる。

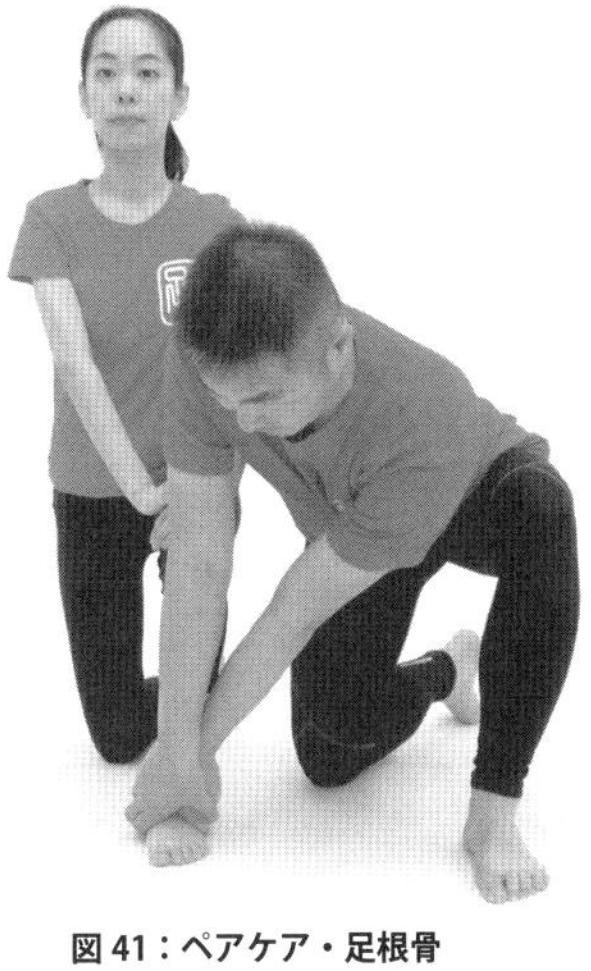
図41：ペアケア・足根骨

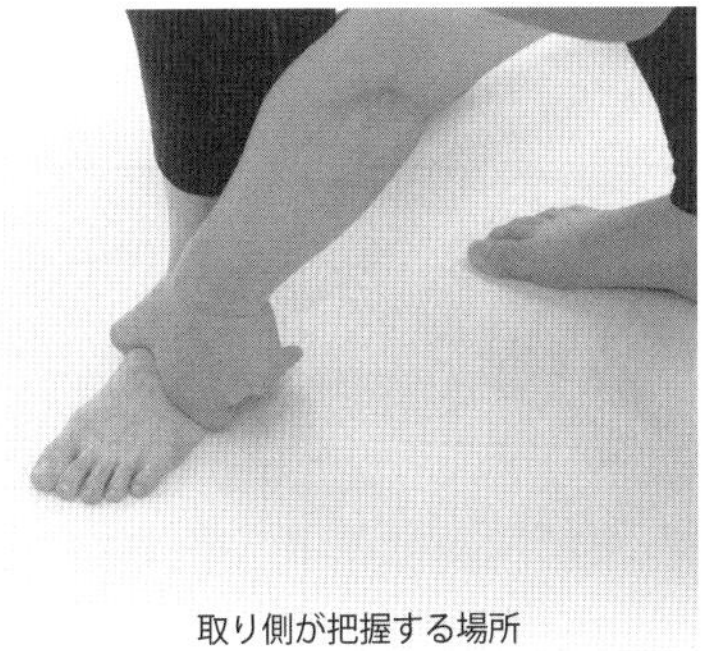
取り側が把握する場所

**取り側**

1 相手の左側に位置する。

2 相手の足の甲を把握する（左親指→足の舟状骨、左4指→立方骨までの足根骨）。右手は左手の上に置く。

3 ゆっくりと重さを預ける。

**受ける側**

骨格の強さを確認できたら、スリーカウント数える。

同様に右をおこなう。

## EX-18：ペアケア・脛【図42】

**《床でおこなう》**

**受ける側**

片膝立ちで左脛を垂直に立てる。

**取り側**

1 相手の左側に位置する。

2 相手の左膝の上に両手を重ねて置く。

いすでおこなう

**図42：ペアケア・脛骨**

①取り側は膝の上に両手を置いて、ゆっくりと体重を預ける

**3** 脛骨の長軸方向に向かってゆっくりと重さを預ける。

**受ける側** 骨格の強さを確認できたら、スリーカウント数える。

**取り側**

**4** 右手は相手の左膝の上に置いて、左手で脛骨の下端を把握する。ゆっくりと重さを預ける。

**受ける側** 骨格の強さを確認できたら、スリーカウント数える。

**取り側**

**5** 左右の手で相手の脛骨の下端を把握する。ゆっくりと重さを預ける。

**受ける側** 骨格の強さを確認できたら、スリーカウント数える。

同様に右をおこなう。

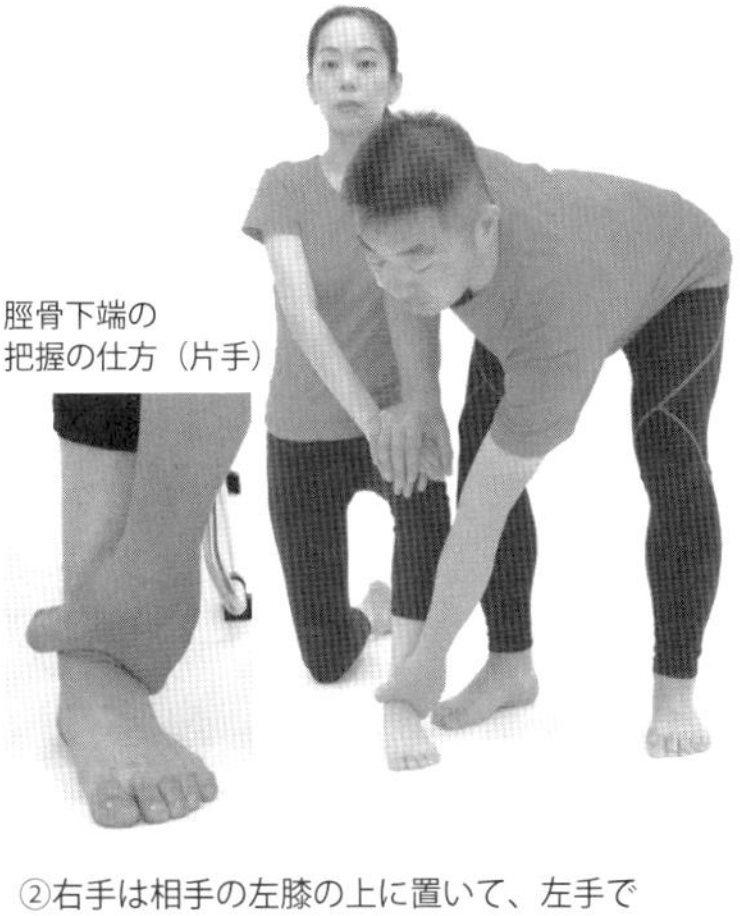


②右手は相手の左膝の上に置いて、左手で脛骨の下端を把握し、ゆっくりと体重を預ける

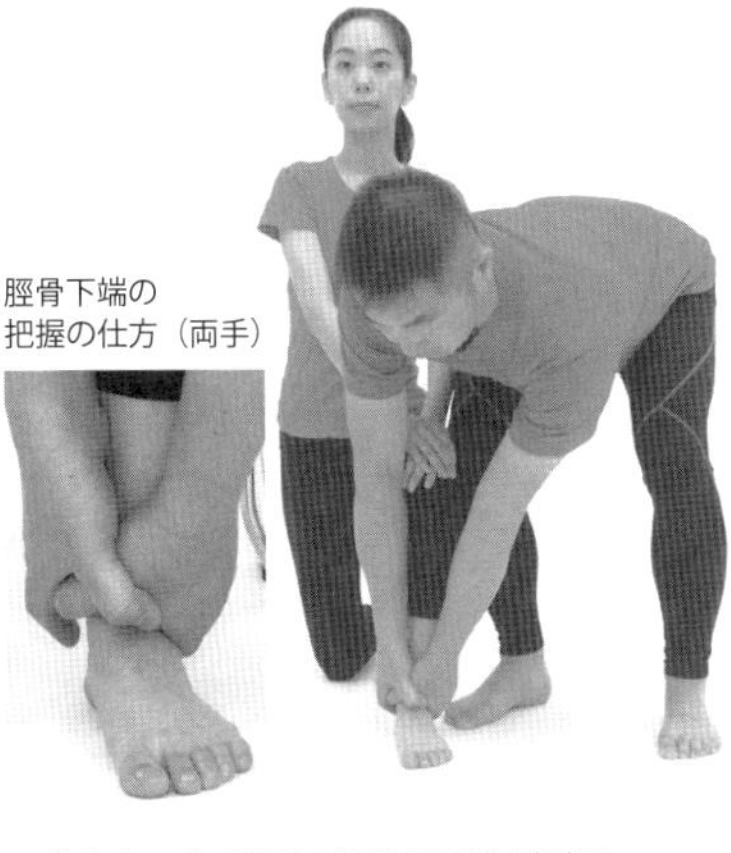


③左右の手で相手の脛骨の下端を把握し、ゆっくりと体重を預ける

**《いすでおこなう》**

**受ける側**

基本ポジションで、いすに座り左脛を垂直に立てる。

**取り側**

**1** 相手の左側に位置する。

**2** 相手の左膝の上に両手を重ねて置く。

**3** 脛骨の長軸方向に向かってゆっくりと重さを預ける。

**受ける側**

骨格の強さを確認できたら、スリーカウント数える。

以下、「床でおこなう」のと同様にしてから、右をおこなう。

いすでおこなう

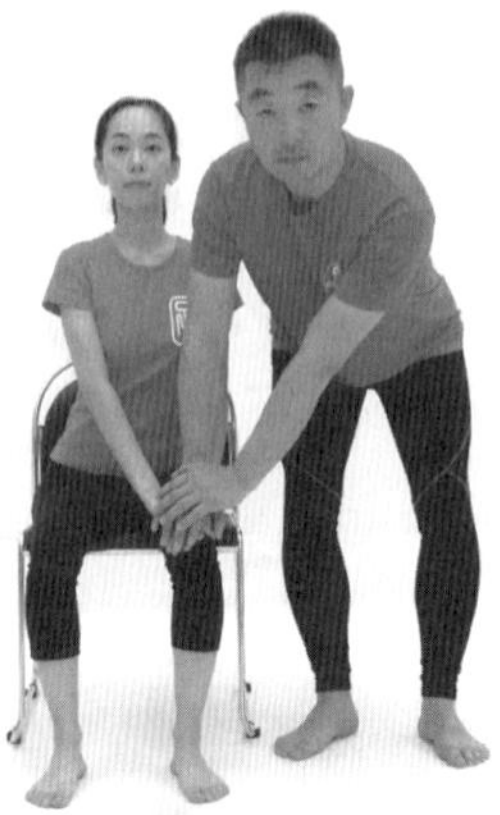

①

②

③

# EX-19：ペアケア・骨盤【図43】

**《床でおこなう》**

**受ける側**

正座で座り、脛骨粗面に加重する。骨盤を垂直にする。

**取り側**

1 相手の後ろ側に位置する。

2 手根部を相手の腸骨稜に当てる。

3 床に向かってゆっくりと重さを預ける。

**受ける側**

骨格の強さを確認できたら、スリーカウント数える。

**《いすでおこなう》**

**受ける側**

基本ポジションで、いすに座り、骨盤を垂直に立てる。

**取り側**

1 相手の後ろ側に位置する。

図43：ペアケア・骨盤

2手根部を相手の腸骨稜に当てる。
3座面に向かってゆっくりと重さを預ける。

受ける側

骨格の強さを確認できたら、スリーカウント数える。

## EX‐20：ペアケア・大腿【図44】

**《床でおこなう①》**

受ける側

四つん這いになり、大腿骨を垂直に立てる。

取り側

1相手の後方に位置する。
2相手の左右の股関節の上に手を置く。
3左右大腿骨の長軸方向へ向かってゆっくりと重さを預ける。

受ける側

骨格の強さを確認できたら、スリーカウント数える。

図44：ペアケア・大腿

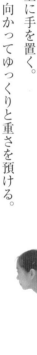

**《床でおこなう②》**

**受ける側**

両膝立ちで基本ポーズをおこなう。

**取り側**

**1**相手の左前側に位置する。

**2**左肩を相手の左腹に軽く添えて、相手の左大腿骨下端（左膝）を把握し、左大腿骨の長軸方向へ向かってゆっくり体重を預ける。

**受ける側**

骨格の強さを確認できたら、スリーカウント数える。

同様に右をおこなう。

## EX-21：ペアケア・前腕【図45】

**《床でおこなう》**

**受ける側**

四つん這いになり、左前腕を垂直に立てる。

図45：ペアケア・前腕

受け手が両膝立ちになる

**取り側**

**1** 相手の左側に位置する。

**2** 両手で相手の左前腕下端（手首）を把握する。

**3** 左尺骨・橈骨の長軸方向へ向かってゆっくり体重を預ける。

**受ける側**

骨格の強さを確認できたら、スリーカウント数える。

同様に右をおこなう。

**《いすでおこなう》**

**受ける側**

座面に両手をついて、左前腕を垂直に立てる。

**取り側**

**1** 相手の左側に位置する。

**2** 両手で相手の左前腕下端（手首）を把握する。

**3** 左尺骨・橈骨の長軸方向へ向かってゆっくり体重を預ける。

**受ける側**

骨格の強さを確認できたら、スリーカウント数える。

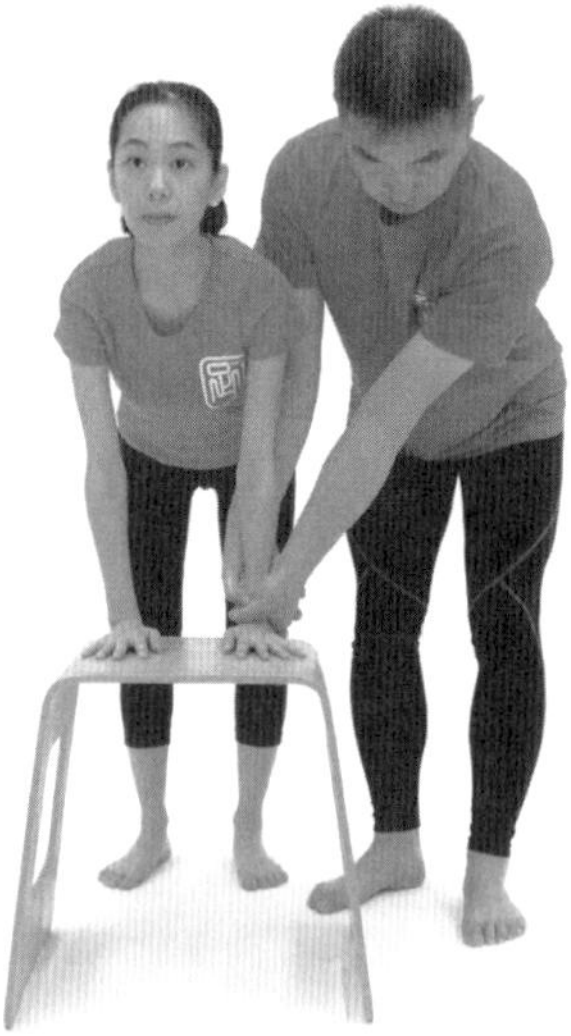

いすでおこなう

同様に右をおこなう。

## EX-22：ペアケア・上腕【図46】

**《床でおこなう》**

**受ける側**
両肘、両膝をついて四つん這いになり、左上腕を垂直に立てる。

**取り側**
**1** 相手の左側に位置する。
**2** 相手の左上腕下端（左肘）を左手で把握、相手の左肩（左上腕上端）に右手をそえる。
**3** 左上腕骨の長軸方向へ向かってゆっくり体重を預ける。

**受ける側**
骨格の強さを確認できたら、スリーカウント数える。
同様に右をおこなう。

図46：ペアケア・上腕

いすでおこなう

**《いすでおこなう》**

**受ける側**

座面に両肘をついて、左上腕を垂直に立てる。

**取り側**

**1** 相手の左側に位置する。

**2** 相手の左上腕下端（左肘）を左手で把握、相手の左肩（左上腕上端）に右手をそえる。

**3** 左上腕骨の長軸方向へ向かってゆっくり体重を預ける。

**受ける側**

骨格の強さを確認できたら、スリーカウント数える。同様に右をおこなう。

## EX-23：ペアケア・頭蓋骨【図47】

**《床でおこなう》**

**受ける側**

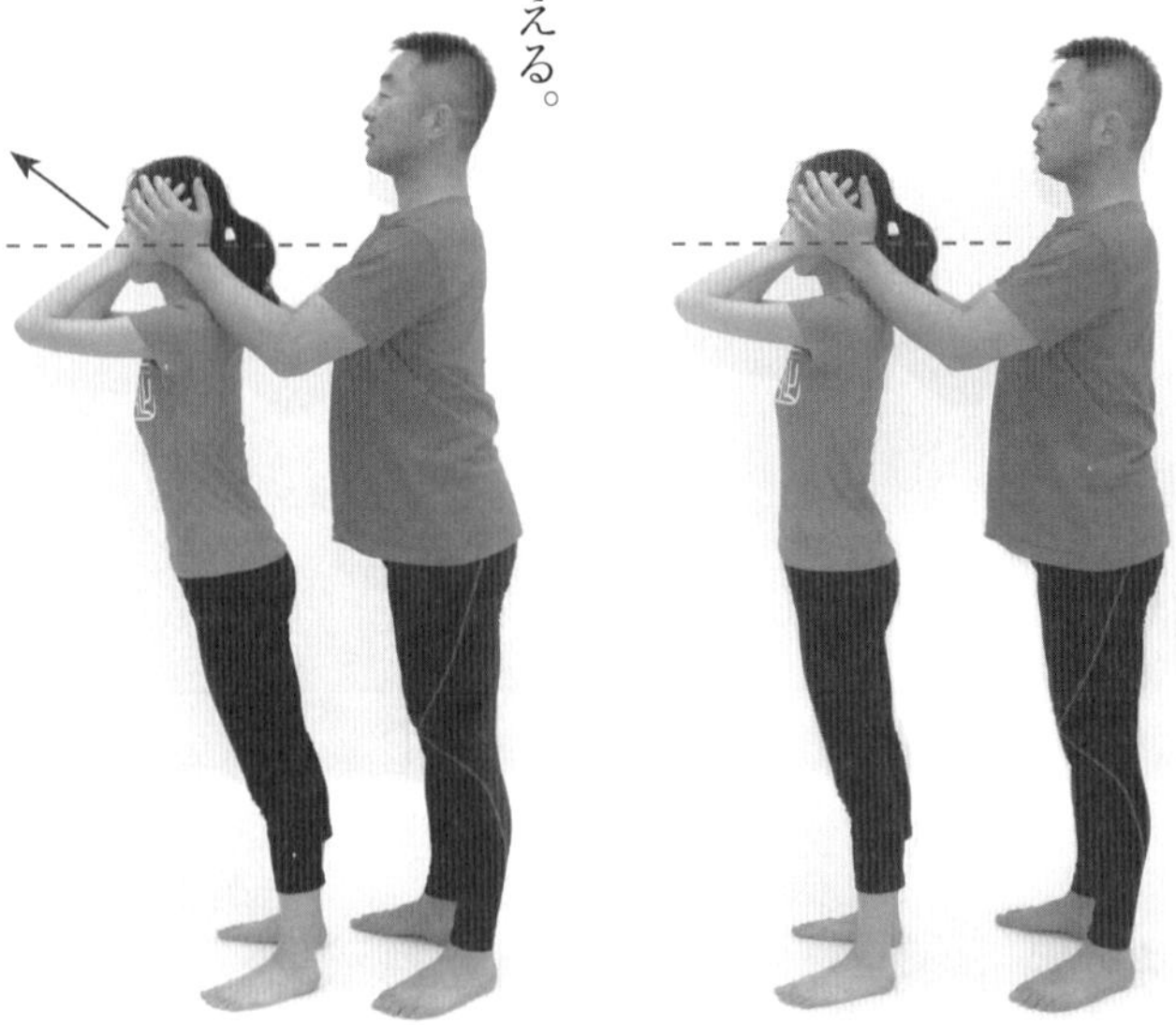

図47：ペアケア・頭蓋骨

①取り側は相手の両手をつつむ

②取り側は相手の頭蓋骨をベクトル方向へ誘導する

基本ポジション、立位にて両手で頭蓋骨をつつむ。

**取り側**

**1** 相手の後方に位置する。

**2** 相手の両手をつつむ。

**受ける側**

**1** 鼻と耳の穴の線（鼻棘耳孔線）を水平に保ったまま、頭蓋骨をベクトル方向（斜め前上）へ誘導する。

**2** 首と胸（頸椎と胸郭）を立てて、視界が広がったことを確認できたら「セット！」と声に出して新たな骨格ポジションを脳に上書きする。

**《いすでおこなう》**

**受ける側**

**1** 足裏全体で接地、脛垂直、骨盤垂直で座る。

**2** 両手で頭蓋骨をつつむ。

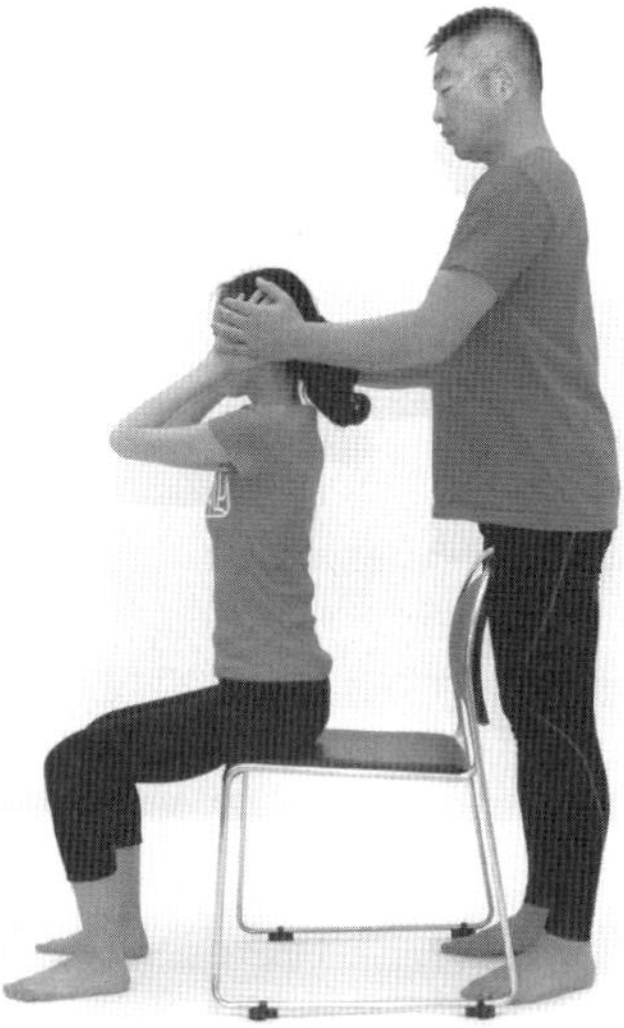

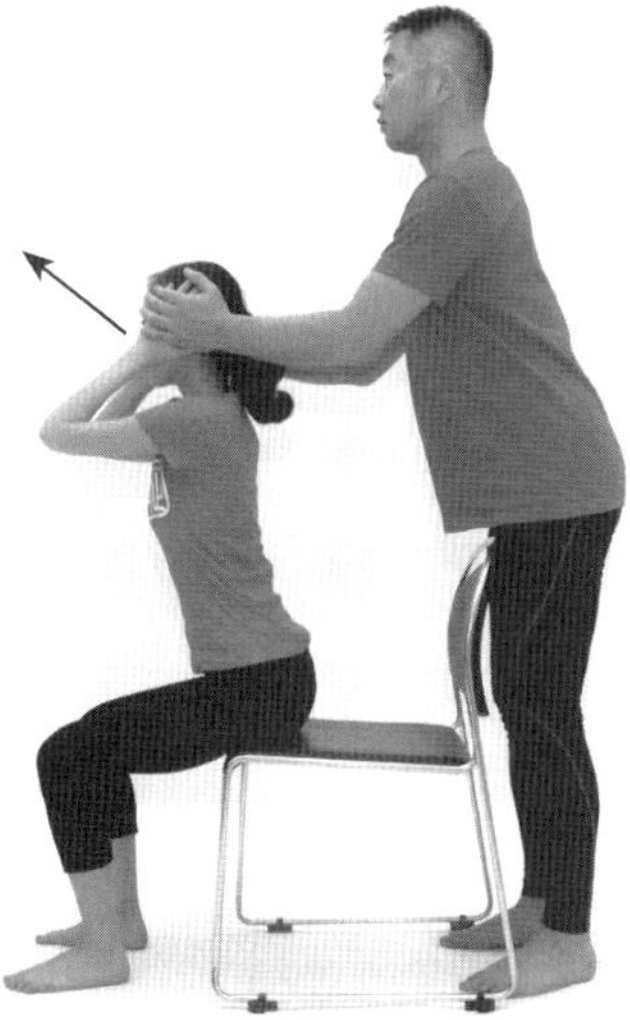

いすでおこなう

①取り側は相手の両手をつつむ

②取り側は相手の頭蓋骨をベクトル方向へ誘導する

**取り側**

1 相手の後方に位置する。
2 相手の両手をつつむ。
3 鼻と耳の穴の線（鼻棘耳孔線）を水平に保ったまま、頭蓋骨をベクトル方向（斜め前上）へ誘導する。
4 首と胸（頸椎と胸郭）を立てて、視界が広がったことを確認できたら「セット！」と声に出して新たな骨格ポジションを脳に上書きする。

## 11 ルーティーン以外の深部感覚ペアケア

### 脊柱

体幹を揺らしてもらうことで、体内に生じた脊椎椎間関節の動きを感じとる方法です。

## EX-24：ローリング【図48】

**《立位で揺らしてもらう》**

1 基本姿勢で立つ。

①仙骨を揺らす

**2** パートナーに体側に立ってもらう。

**3** パートナーに両手で仙骨部と下腹部を挟んでもらい、ゆっくりと軽く左右に揺らしてもらう（この時、手のひら全体が体表に密着するようにしてもらうこと）。

**4** 次に、鳩尾の高さで揺らしてもらう。

**5** 最後に、鎖骨の高さで揺らしてもらう。

＊**ポイント…**自分の脊椎の動きを集中して感じ取るようにする（ローリングのエクササイズに共通）。この方法では、脊椎の全体像を感じ取りやすい。

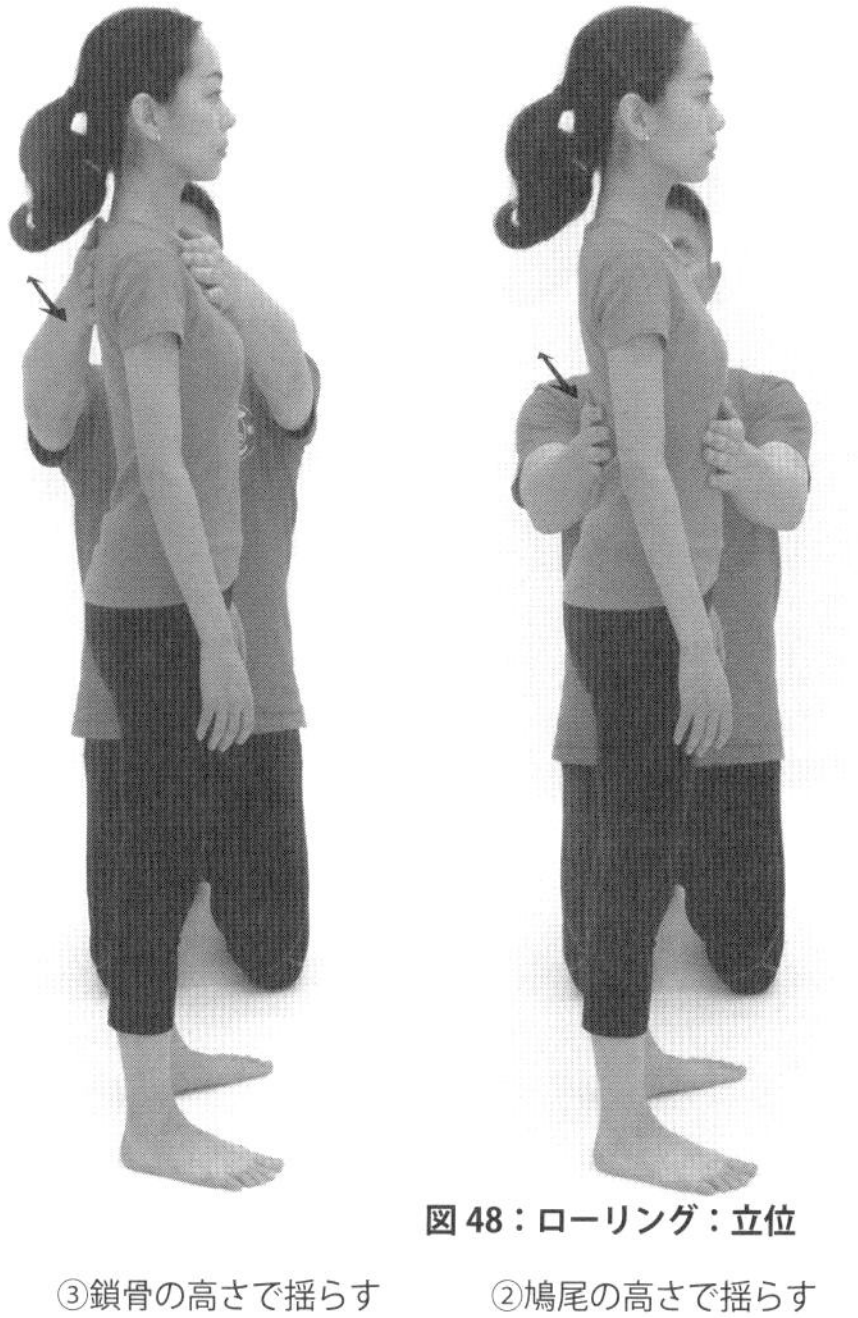

**図48：ローリング：立位**

②鳩尾の高さで揺らす　③鎖骨の高さで揺らす

**《うつ伏せで揺らしてもらう》**

**1** うつ伏せになる。両腕は自分にとって楽な位置に。有孔枕があればベストだが、なければ頭を左右どちらかに向けてもよい。

**2** パートナーに右体側に座ってもらう。

**3** 仙骨の左側に片手の手のひらを置き、上体を左右に揺らしてもらう。この時、手のひらに体

重を預けるようにしてもらうとよい。

**4** 次に、背中の左側の鳩尾の高さに手のひらを置き、左右に揺らしてもらう。

**5** 最後に、背中の左側の鎖骨の高さに手のひらを置き、左右に揺らしてもらう。

**6** 背中の右側も同様に揺らしてもらう。

＊**ポイント…**この方法では、下部脊椎の動きを感じやすい。

うつ伏せ
①仙骨の左側を揺らす

②背中の左側の鳩尾の高さを揺らす

③背中の左側の鎖骨の高さを揺らす

**《正座で揺らしてもらう》**

**1** 基本姿勢で正座する。

**2** パートナーに体側に座ってもらう。

**3** パートナーに、鳩尾の高さで両手で上体をはさんでもらい、左右に揺らしてもらう。

**4** 次に、鎖骨の高さで揺らしてもらう。

＊**ポイント…**この方法では、上部脊椎の動きを感じやすい。

正座
①鳩尾の高さで揺らす

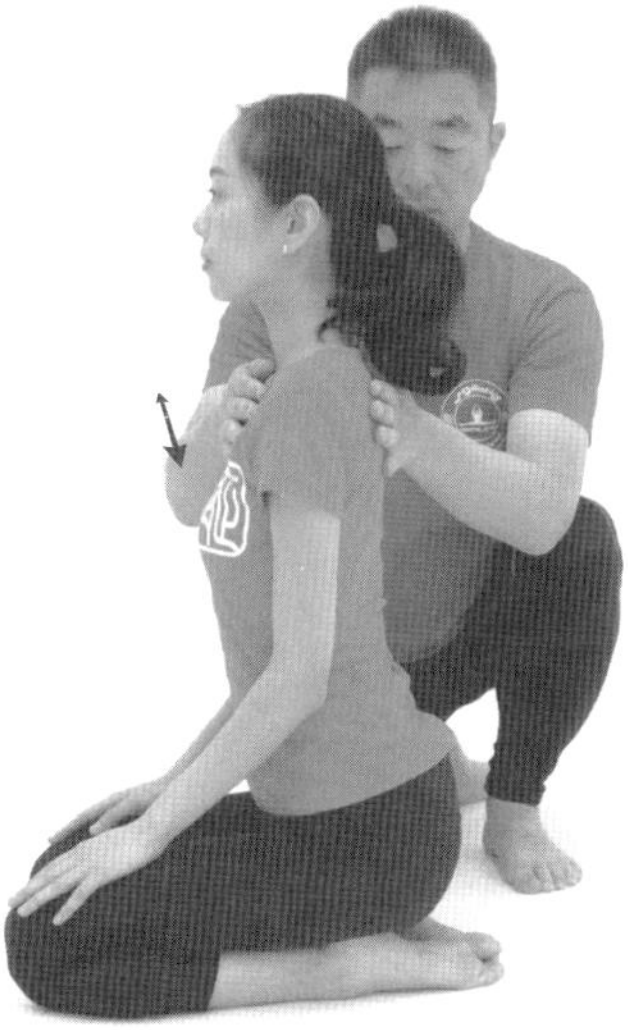

②鎖骨の高さで揺らす

### 棘突起《きょくとっき》

棘突起（椎骨棘突起）に触れてもらうことで、脊椎を感じる方法です。

## EX-25：棘突起のタッチ【図49】

**1** うつ伏せになる。両腕は自分にとって楽な位置に。有孔枕があればベストだが、なければ頭を左右どちらかに向けてもよい。

**2** パートナーに両側の腸骨稜、仙骨、尾骨を触ってもらう。

**3** 腸骨稜の高さにある脊椎（大抵は腰椎4番）の棘突起の左右両端を、二本の指でしっかりと丁寧に触ってもらう。親指と人差し指でつまんでもらってもよい。

**4** 腰椎5番→腰椎4番と、一つずつ上の棘突起に移動しながら、頸椎7番（首の後ろの出っ張り）まで触ってもらい、脊椎を感じる。

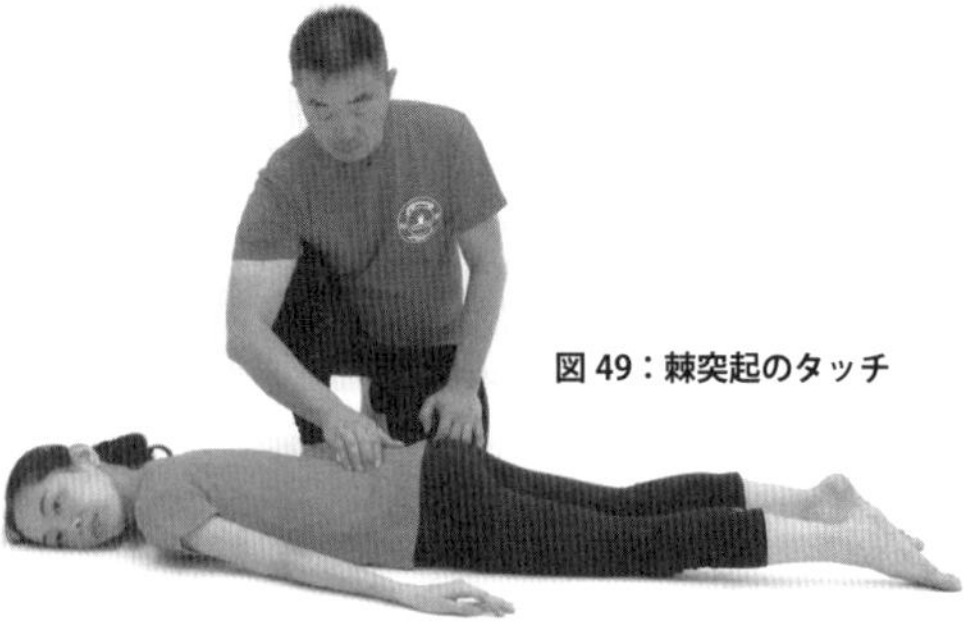

図49：棘突起のタッチ

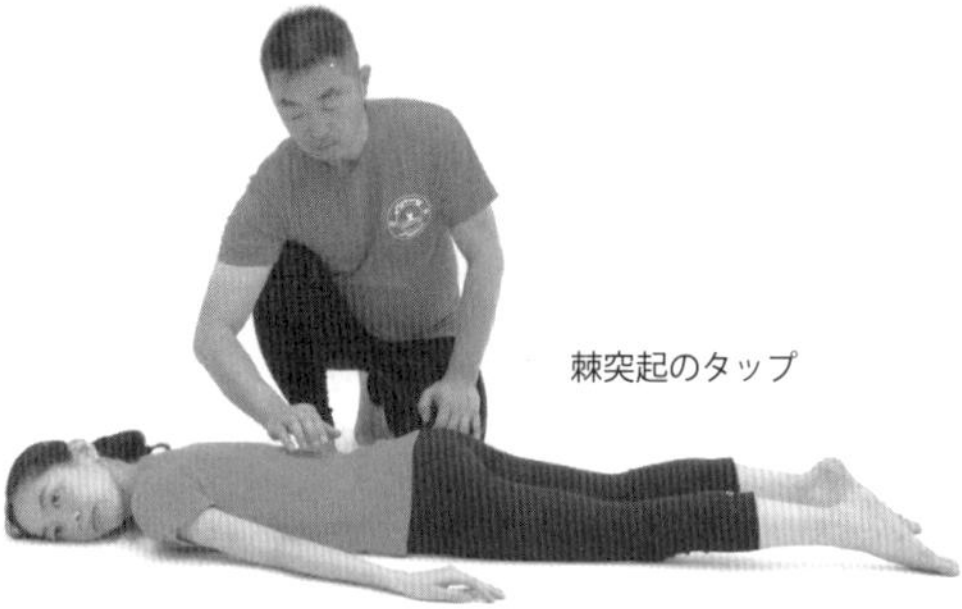

棘突起のタップ

***ポイント…**感覚が拾いにくい場合は、触ってもらう代わりに、指先でごく軽くタップしてもらってもよい。

### 足腰のセット

セルフケア、ペアケアを一通りおこなった後、足腰の骨格位置の確認を兼ねた調整です。骨盤から重力方向へ重さをかけて、下半身の骨格の「骨の頑丈な感覚」「骨の安定した感覚」などの手応えを得る方法です。

腰痛の人に特におすすめです。

## EX-26：骨盤から真っ直ぐ圧をかける【図50】

**《セルフケア》**

**1**基本ポジションで立つ。

**2**左右の腸骨稜に手根を当て、骨盤から真っ直ぐ下へ圧をかける。

**3**骨盤、大腿骨、脛骨、足までの骨格の強さを確認できたら、スリーカウント数える。

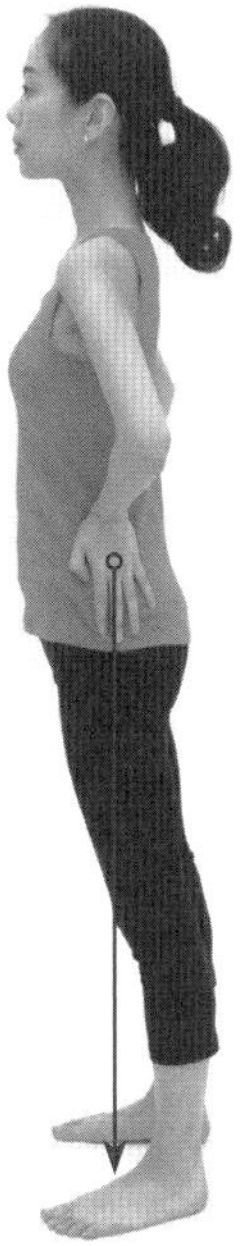

図50：足腰のセット

**《ペアケア》**

**受ける側**

基本ポジションで立つ。

**取り側**

**1** 相手の後ろに位置する。

**2** 相手の骨盤の腸骨稜に手根を当て、骨盤から真っ直ぐ下へ圧をかける。

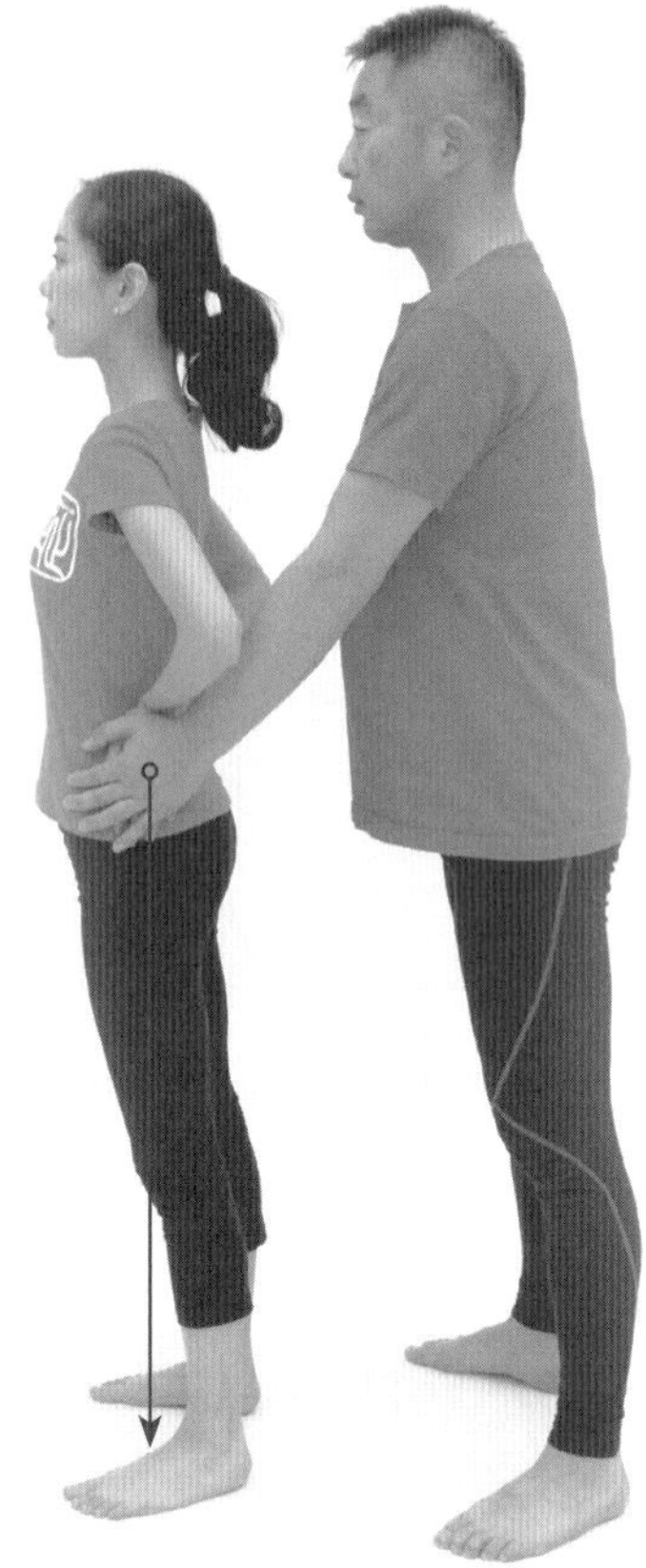

足腰のセット・ペアケア

**受ける側**

骨盤、大腿骨、脛骨、足までの骨格の強さを確認できたら、スリーカウント数える。

**＊ポイント…**骨盤、大腿骨、脛骨、足の接地までのつながりを「骨格の頑丈な感覚」「骨の安定した感覚」などの手応えから感覚を拾う。

## 骨格の活性化にともない起こる能力向上

いわゆる足腰の強さを体感できるようになります。それは、筋肉で頑張っている強さではなく骨で支える強さになります。ここでのエクササイズは、腰痛の人が腰に手を当てているポーズに似ています。おそらく、腰痛のある人は、手を当てて足腰の安定を求めているのだと考えられます。しかし、深部感覚、及び、骨格ポジションの仕組みを知らないために適切なポジションを得られず、慢性的に安定を求め続けて、無意識のうちにそのポーズを取っているのかもしれません。

## 12 ファイナルセット

深部感覚ルーティーンを幾重にも重ねていくと感覚が厚くなります。重力を無理なく受けることができる骨格ポジションの理解が深まってきた段階で、ルーティーンの最後に頭蓋骨から重力方向へ重さをかけて、骨格全体の「骨の頑丈な感覚」「骨の安定した感覚」などの手応えを得る方法です。
鼻棘耳孔線（鼻と耳の穴を結ぶ線）が水平の状態で頭蓋骨が保てるようになってからおこなってください。

**《セルフケア》**

● 足指（末端）↓脛↓大腿↓骨盤↓手指（末端）↓前腕↓上腕↓頭蓋骨（ファイナルセット）

**《ペアケア》**

● 足根骨↓脛↓骨盤↓大腿↓前腕↓上腕↓頭蓋骨（ファイナルセット）

セルフケアとペアケアのルーティーンの最後に「頭蓋骨（セット）」としておこなっていたものを「頭蓋骨（ファイナルセット）」として脳に上書きします。

## EX-27：ファイナルセット【図51】

1 基本ポジションで立つ（椅子の場合は、基本ポジションで座る）。
2 鼻棘耳孔線（鼻と耳の穴を結ぶ線）を水平に保ち、頭蓋骨をベクトル方向に保ちながら、頭の上で手を組んで真っ直ぐ下へ圧をかける。

**3** 骨格の強さを確認できたら「ファイナルセット」と声を出して、この骨格ポジションを脳に上書きする。

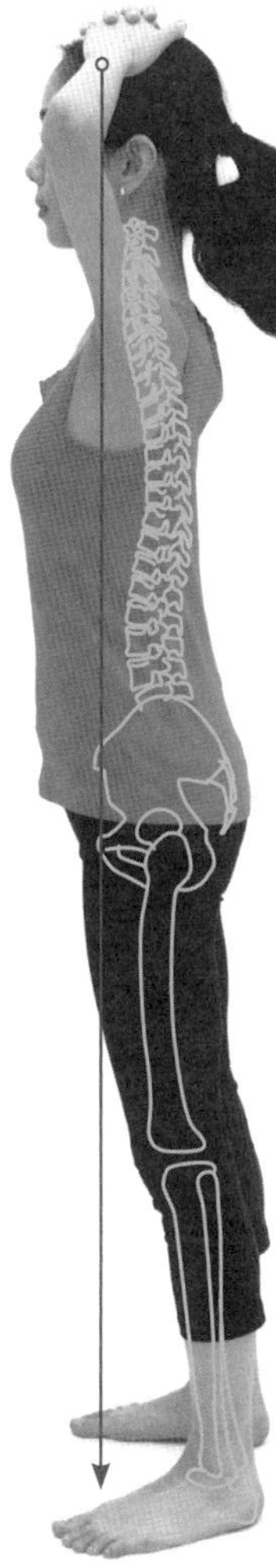

**図51：ファイナルセット**

＊**ポイント…**頭の頂点の目安は東洋医学の百会穴《ひゃくえけつ》。百会は耳介（耳たぶ）の上端を結んだ垂直線と、正中線が十文字に交差するところとされている。しかし、頭蓋骨の位置は、個人差があるので、鼻棘耳孔線も踏まえて取穴すべきである。ファイナルセットで骨格が安定しない場合は、頭蓋骨（セット）までのルーティーンを幾重にも重ねて骨格ポジションの理解を深めること。

## 骨格の活性化にともない起こる能力向上

頭蓋骨を脊柱の天辺にバランスよく乗せるためには、骨格全体が安定しなければなりません。それは、重力を無理なく受けることができる骨格ポジションを獲得するということです。深部感覚ルーティーンを幾重にも重ねることで骨格ポジションを獲得することができます。

深部感覚が備わった骨格ポジションは、無数の神経網を開通させます。それは、中枢神経と末梢神経が滞りなく伝達し、ヒトの動きの未知なる可能性を引き出すものだと考えています。

きちんとした骨格バランスでファイナルセットがおこなえると、視界がクリアになり、とてもすっきりした爽快な気分を味わえると思います。

# 第4章
# 末端の感覚をよみがえらせる

## 1 カラダを壊す方法——逆説的な攻めの治療とは

私は治療の仕事に携わって二〇年以上になります。その間、カラダ各部の痛み（骨折、感染症・悪性腫瘍などを除く筋骨格系疾患）など、さまざまなカラダのトラブルをみてきました。それぞれのトラブルの原因や治療方法などについては、今なお実践研究中であり、痛みの声に答えることができるよう励んでいます。

この世界に入ったばかりのころは、筋肉にすべての原因があると考え、痛みの声を聞きわけることをせず、筋膜、筋線維、筋肉の中へ入り込んでカラダ全体を見る目を曇らせていました。

慢性腰痛の原因はどこにあるのか、骨、関節、筋肉、靭帯、椎間板、脳、神経などさまざまに原因を求める考え方があります。最近は、慢性腰痛の原因が脳にあるといわれるようになりました。また、急性腰痛（ギックリ腰）は安静にするというのが従来の常識でしたが、なるべく日常生活を続けましょうといわれるようになりました。おそらく、この先も常識といわれるものはどんどん変化していくに違いありません。

ですが、私としては医療の常識の変化を待ってついていくよりも、できる限り確実な考えと方法を積極的に選択したい。そこでカラダ各部の痛みを訴える患者さんと向き合って、現在の状態を「白紙」に戻すことにしました。

それは、治す方法を考えるのではなく、まずすべて白紙に戻し、どのようにしたら同様の痛みが出る状態になるのか、という「**壊す方法**」を考える、ということでした。

《例：壊す方法案》

①思い込み――脳にカラダを壊すイメージを上書きする（自己暗示、病は気から）――心身症（腰痛、不定愁訴）

②無理をする――骨に剪断力をかける、関節運動の方向に逆らう、筋肉を疲労させる、衝撃を与える（重力に逆らう、酷使する）――奪取骨折、捻挫、脱臼、挫傷、慢性痛

③動かさない――内部と外部の刺激を断つ（寝たきり、運動不足）――運動・感覚が低下、機能不全

そして、同様の痛みが出る状態へ壊す方法案が出そろったら、その患者さんと照らし合わせてみて、そこで重なる条件が治療方針になります。

《例：患者さんの現状》

①「年齢的に痛くなっても仕方がない」と思っている。

②動作中の接地が衝撃を和らげていない、患部のアライメントが崩れている。

③患部をかばっている（疼痛逃避姿勢）。

《例：それに対する治療方針》
①思い込み——プラスイメージに変える。
②無理をする——接地を修正し衝撃を和らげる、重力を無理なく受けるアライメントへ修正。
③動かさない——運動・感覚を高める。

次は治療の手順を考えます。

《例：治療の手順》
②接地修正、アライメント修正→①プラスイメージ→③運動・感覚を高める

たとえば、②接地修正、アライメント修正からおこないます。接地でダメージを蓄積することのマイナス面、アライメントを崩すことで骨に剪断力がかかることのマイナス面と、それぞれを修正することのメリットを説明し、①プラスイメージにつなげます。②①の進行状況により疼痛逃避姿勢が見られなくなった段階で③運動・感覚を高めるリハビリを始める、という流れになります。

ただし、この治療計画は、患者自身による「**攻めの治療**」抜きにしてははじまりません。カラダの機能を回復させるのは、本人以外の誰でもありません。それは感覚を拾えるのが、本人しかいない、ということと同じことです。

もし、何年にも渡りカラダが痛み続けているのであれば、回復力が低下しているか、回復を妨げている何かがあるのだと思います。先にあげたカラダを壊す方法を考えてみてください。これらは回復力を低下させ妨げるものです。まず、自分に何が起こっているのかを見つける。そして、例であげたような治療方針を参考に回復力を高めていくのです。

カラダ各部の痛み・筋骨格系疾患は、治してもらうという受身的な治療より、自分で治すという攻めの治療が重要です。

## 2 回復力を上げる

カラダ各部の痛み（骨折、感染症、悪性腫瘍などを除く筋骨格系疾患）などを集中的に治療したけれど、経過がかんばしくないという経験をされた方は多いのではないでしょうか。

もし、原因に対して適切なアプローチができたとしたら、相応の治療期間で治るはずです。しかし、ぐずぐずと症状が慢性化してきてしまっているという場合がある。本当に原因は関節、筋肉、靭帯などでしょうか？　相応の治療期間で治癒しないのならば、再度原因を見直してみる必要があると思います。

スポーツ選手などはカラダのコンディションを整えるためにマッサージやストレッチなどをさまざまな専門家に委ね過ぎている場合が多いと思います。一般の方においても同様に、痛みを少しでもやわらげようと全国の有名な医療機関を転々として、さまざまな治療をカラダに刻んでいる場合が多い。これらは**カラダの回復力を低下させる原因**になります。

回復とは自分自身が元の状態に戻っていくことです。専門家の手によるマッサージやストレッチが、気持ち良かったり、それによってカラダが楽になることとは別の話です。快楽的な感覚を回復と勘違いしてしまうことで、回復する必要性がなくなるのだと思います。

また、さまざまな治療をカラダに刻むことで、痛みの原因に不必要な情報を脳に上書きすることになり、治療を複雑化し、回復する方向性を見失うということにもつながるでしょう。

一般の方の中には「毎日治療した方が早く治る」と思い込んでいる方が多いのではないでしょうか。しかし、自分にとって余分な医療が増えるほど回復力は低下します。医療は自分にとって必要な分だけというのが理想です。

自分の状態を把握し、自分にとって必要な情報を選択できる目をもつことが回復力を上げることになります。そのためには、医療機関、専門家任せでなく、必要なことは調べ、状態を把握し、カラダの不調に陥ったとき、自分で対処できる、あるいは専門家の手助けが必要と判断できるようにしておくこと。そうすれば、自分にとって余分な医療を選択せずにすみ、また、最短距離で回復へと向かうことができるのです。

もし、思うように原因にたどり着けないとしたら「カラダを壊す方法」を参考にしてみてください。

## 3 外部環境と内部環境の交差点

もし、自分が自分の内側（内部環境）の情報しか得られないならば、それは自分以外の存在を感知できず、孤独であるということと同じです。しかし、本当の孤独というのは、自分の外側（外部環境）に存在があることを知っているからこそ、「一人ぼっち」だということを感じるわけです。

ほとんどの人は外部環境の存在を知っています。他者の存在があることで自分との比較ができ、自分という存在に気づいているわけです。しかし、自分の存在を確かにするだけの内部環境に関する情報が少ないということは、本来一番身近な自分の存在から遠くなり、そこに薄く孤独の寂しさを感じることがあるのかもしれません。

外部環境の情報は、外部の刺激を五感、表在感覚（皮膚感覚）など肌で感じることができます。

内部環境の情報は、自らが動くことで内部に生じる刺激を深部感覚で拾うことにより得ることができます。そして、外部環境と内部環境の交差点が「カラダの末端」です。

特に大地と接触する「足」と物と接触する「手」は、外部の情報を繊細に得るための感覚受容器が集中しています。

現代人の置かれている環境は、これらヒトの感覚を低下させる要素が複雑に絡み合っています。外部情報をシャットダウンしたい人、情報収集の苦手な人、情報を鵜呑みにする人、他者の情報に従わなければならない人、そもそも情報を得る術がわからない人など、ヒトの感覚は必要性がなくなれば必然的に消失します。

怪我をした時に故障したままになっている感覚受容器も修復の意思をみせなければ、感覚を拾う必要性がありませんし、深部感覚は薄くなり、鈍くなり、消失するでしょう。

ヒトの感覚をよみがえらせるのには、外部環境と内部環境の交差点である**手足の機能を回復することからはじめます。**

手は物の存在に確証を得るため、足は自分の存在に確証を得るための感覚・運動器です。物が存在するかどうかは、視覚から映像を得ることができますが、実際に手で物にふれることによって存在を確かにすることができます。自分が存在するかどうかは、空間の中で大地を踏みしめることによって自分の重さを確かにすることができます。

足と大地とのコンタクトは、ヒトが動き続けるための証なのです。

しかし、現代人の置かれている環境では人々の手足の機能は極端に低下しています。

たとえば、最近鉛筆のＨＢが使われなくなって、ＨＢが廃盤になるかもしれないという話があります。筆圧などが弱いから、みな２Ｂを使うそうです。姿勢よく座り、字を書ければ筆圧の調節は力みなくおこなうことができます、しかし筆圧の弱い人というのは姿勢を崩して字を書くことが習慣になっているために手首の力を酷使する傾向にあります。そのため、文字が薄いばかりでなく疲れやすく、いざ文字を濃く書こうとしても筆圧の調節が上手くいかず、力み過ぎで鉛筆の芯を折りやすいのです。

また、最近の子供さんたちは長く立っていられないという話があります。朝礼のときに貧血で倒れる生徒は昔からよくある話でしたが、今は集中力が持続せずフラフラしている生徒がいる一方で、立たせて話を聞かせることは体罰では、などの問題から座って話を聞くように変わってきたそうです。

苦手だから、安全のために、ということで、さまざまなことが改善されていきます。それは、大切なことですが、「なぜ筆圧が弱くなったのか？」「なぜ、長く立っていられないのか？」という根本的な問題を考えて解決策を練っていかなければ、今以上に筆圧は弱くなり、立つことが苦手な子供も増えるのではないかと心配になります。

こうした状況では感覚神経と運動神経へ伝達される情報は、内外の刺激を適切に処理することができず、感覚も運動も低下の一途をたどるばかりです。

カラダの外観には問題が見えなくても、内観に問題が溢れている。

私の右脚末梢神経麻痺にしても、他者から見える外観上はそれほど問題を感じさせないものでした。ですが、実際には、本人が内観の問題を誰よりも体感していました。

しかし、現代の慢性疾患における患者の運動・感覚低下は、**本人に問題意識の自覚がない**のです。むしろこのことが大問題なのかもしれません。ですから、現代的な慢性疾患で悩んでいる人たちに手足の機能回復をアドバイスするためには、その必要性を理解してもらえるまで、粘り強いリハビリが必要となります。

## 4 感覚は脳で感じるもの？

脳は、脊髄と共に、ヒトのカラダの中枢を司り、末梢から得た情報を瞬時に処理し、司令塔として各器官の働きを一つの組織としてまとめあげます。感覚は、内外の刺激を末梢の感覚受容器で感知し、神経経路でその刺激という情報を中枢に送り、脳で感覚という言語に変えるのです。「感覚が鈍い」ということを脳の機能低下だと思っている人が多いのですが、実は「末梢の機能低下」なのです。

感覚はカラダで感じるものです。皮膚や粘膜の表面、深部に存在する筋・腱・関節・骨膜などにある無数の感覚受容器が内外の刺激を感知し感じるのです。

頭で感じているものというのは、もしかしたら頭で考えたイメージなのかもしれません。しかしイメージそれだけでは実感が伴いません。

アーティストはイメージを参考に歌や絵画、身体表現などの形に現します。もし、表現した形に実感が伴ったとすればイメージ通りということになるのでしょう。

「イメージ通りの動きができました」というスポーツ選手のコメントがあります。参考になる動きのイメージがあって、そのような動きに近い形で感覚・運動器が機能したということだと思います。**カラダという感覚器が機能するから実感を得る**わけです。

病においては中枢疾患と末梢疾患があります。これは、ヒトのカラダというシステム内での故障個所の違いです。中枢には生命に関わる装置が備わっていますから、末梢で故障が起こるよりも重篤な問題を残すことになります。このような故障を引き起こさないで健康でいるために「予防」を心がける必要があります。

脳の体操も大切だと思いますが、末梢の四肢を形成する各器官が盤石であってこその中枢司令塔なのです。末端の感覚受容器が存分に機能するカラダの状態で感覚を感じ取ってみてください。きっと、これまでとは違ったカラダの世界を発見できると思います。

## 5　鍼の重さを感じる――関節とツボの関係

この二〇年、鍼治療とは何かを考えてきました。経絡・経穴（つぼ）はいまだ科学的に実体がつかめておりません。つまり、現時点で経穴（つぼ）といわれる部位には「何もない」ということになります。

経穴の場所については、日中韓で九二個のその解釈に微妙な相違が存在したため、二〇〇三年からWHO経穴部位国際標準化公式会議が、その三国をはじめとした九ヶ国二組織が参加して開かれ、二〇〇六年に経穴の場所が統一されました。

WHOで経穴の場所が統一されたわけですが、私としては「実体のないもの」を安易に使うことはできません。ということで、これまでは筋肉を収縮させるために筋肉のモーターポイント（刺激に鋭敏であり、顕著に収縮する部位のこと）に刺鍼し、パルス通電、症状を再現（関連痛）できる筋《きん》硬結《こうけつ》を探し出して刺鍼《ししん》、運動鍼をするといった、いわゆる西洋医学的な考え方での鍼治療を主におこなっていました。

そんなあるとき、置鍼《ちしん》（おきばりのこと）でも変化（効果）が見られることに着目したことがきっかけとなり、「感覚」に注目するようになりました。

経穴位置はなぜそこにあるのか、経穴の意味などを考えていましたが推測の域を脱しません。唯一、収穫があるとすれば、鍼刺激は、「感覚のスイッチ」になりえるということでしょう。実体のない経穴（つぼ）ですが、そこに鍼を刺入し、鍼の重さや経穴（つぼ）の位置を感じ取ることができれば「実体」になりえます。

上手な鍼師は切皮痛《せっぴつう》がなくやわらかな鍼の「ひびき」を味わわせてくれます。切皮痛は、皮膚感覚の痛みですが、「ひびき」とは深部感覚です。もし経穴（つぼ）が意味のあるものだとするならば、それは外部刺激ではなく、内部に生ずる刺激を感知する感覚を目覚めさせる手段なのだと私は考えています。ですから、これまでの長い鍼灸の歴史の中で数多く劇的な変化の逸話があるのだと思います。ただし鍼治療に限らず、治療で効果を出すためには自分で治すという攻めの治療が重要です。

治療院に置いてある経穴人形を眺めていると、関節付近にツボが集中していることに気づきました。これは、科学的には実体がつかめていないけれど、ツボの付近には関節があるということです。ツボは、東洋医学の長きに渡る歴史の中で、技術と経験の蓄積として存在しています。一方で私は、関節の役割が重心移動に欠かせない存在であり、ヒトが自在に動くために必要な器官だと考えています。

東洋医学の先人たちがヒトの中にさまざまな動きを見ていた様子を想像し、いろいろな思いを巡らせています。

鍼刺激は刺入の深さにより、皮膚感覚（表在感覚）の入力も深部感覚の入力もできます。

鍼をツボに打つ際には、施術者の手指、ツボの箇所を消毒し、指先でやさしくツボをなで、施術者の鍼を固定する手で刺鍼をおこないやすくするために、押手《おしで》という手の形をツボにフィットさせます。そして、施術者の鍼を刺す手（刺手《さして》）で切皮し刺入していく。切皮とは、鍼尖が皮膚表面を破って皮下組織に侵入することをいいます。指圧刺激が皮膚表面からの刺激であるのに対し、鍼刺激は皮膚表面から皮下組織に至る刺激という違いがあります。

鍼治療というと中国鍼に代表される焼き鳥の串のような痛そうなイメージをもっている人もいらっしゃいますが、髪の毛くらいの細さの日本鍼は、ほぼ無痛なのです。しかし、無痛だとしても、刺さるとまったく気づかないほどのわずかな炎症反応がおこります。

鍼治療はカラダにとって異物である鍼を刺入し、それに対する生体防御反応を利用しているのです。また、カラダの内部で深部感覚を感じ取ることによる効果が期待できるものと私は考えています。

深部感覚の効果を期待する鍼治療の取り組みを一つご紹介します（注意：他者に鍼治療がおこなえるのは有国家資格者だけです）。

外側（上腕骨外側上顆の前）に曲池《きょくち》というツボがあります。肘を曲げてできるシワの端でツボを取ります。基本ポーズから立位にて、このツボに鍼を浅めに刺します。そして、この鍼を意識し、重さを感じ取るように集中します。

深部感覚を理解した上でおこなうと、鍼の重さを感じ取る意識が上腕の重さの感覚まで波及し、上腕の垂直感覚を拾うことができます。上腕が定位置に収まることで肘関節の円滑な運動が期待できます。

鍼治療に限らず、治してもらうという受身的な治療から、自分で治すという攻めの治療（自分が感覚を拾う）へ転じることで劇的な効果が期待できるのだと思います。

## 6　「動かない」関節を動かすメリット

ほとんどの人に「動かない」関節があります。

人体には約二〇〇個の骨（成人）があり、これらを可動的に結合しているのが関節です。また約四〇〇個あるといわれる骨格筋がこの骨の位置を調節し、関節の運動が可能になります。

その中でなぜ、「動かない」関節があるのでしょうか？

本来動くべき関節が動かないということは、これまでの生活動作において必要としなかった、過去に怪我をして関節の可動域が減少した、自分のカラダのどこに関節があるのかわからない、などの理由があると思います。

「動かない」関節はカラダのトラブルにつながります。ヒトは関節が重心を運ぶことで自由に動くことができます。つまり、「動かない」関節があることで、ヒトの動きの自由は制限されてしまうことになります。

股関節や肩関節など、体幹に近い中枢の関節制限が気にとまりやすいですが、末端にはもっと多くの「動かない」関節がたくさんあります。

「動かない」関節は、理由があるから動かないのです。

しかし、自分自身で「動かない」関節を「動かしたい」と思ったときには何をすればよいのでしょうか？

専門家が動かしてくれるのか。関節をやわらかくする方法があるのか。

関節を動かすためにさまざまなチャレンジをしたが、満足な効果が得られないでいる人が多いと思います。結論から言うと、「自分の関節は自分で動かすしかない」ということになります。専門家任せでは動かないですし、「体をやわらかくするもの」と思われているストレッチは、筋肉を伸ばす行為なので関節を動かすまでに至りません。

「関節を動かすためにはシンプルに関節を動かす」これに尽きるのです。ただし、関節が動くための条件を整えなくてはなりません。

①骨の位置が定位置にある（アライメント）。

②骨格筋が完全収縮可能（関節を動かす筋肉が作用する状態）。

③運動覚が厚い（深部感覚：関節運動の方向・運動の状態）。

①～③を整えて、関節を動かす訓練をしていきます。関節を動かせない人というのは、この条件が整っていない状態にあると考えられます（人工関節などの特殊なケースを除く）。

「動かない」関節を動かすメリットは、ヒトに備わっている「動きの自由」を手に入れられるということ。ヒトに備わっている動きとは、細胞、神経、血液、内臓……などなどカラダを形成する各器官が備えもっている動きのことです。

動きの自由を手に入れるということは、ヒトという枠組みの中で動きを備えもっているすべてが、限りなく自由に動かせる、ということです。

ぜひ深部感覚トレーニングで感覚を厚くし、骨格ポジションを整え、動きのフィジカルトレーニングで「動きの自由」を手に入れてください。

## 7 末端の関節を感じて動かす方法

### 手根骨

手根骨は、指と前腕の間にある骨で八個あり、四個ずつ二列に並んでいます。これらの手根骨はいずれも関節をつくっていますが、それほどよく動く関節ではありません。しかし、骨の存在を知ることで指と前腕の間がクリアになり、動きの通りが滞りなく明瞭になっていきます【一五五ページの図36を参照ください】。

手根骨は細かな骨ですので、実際にいま触っているのがどの骨か、一致させることが難しく感じる人がいらっしゃるかもしれません。触察するときの指標は、茎状突起《けいじょうとっき》、豆状骨《とうじょうこつ》、中手骨がわかりやすいと思います。

**橈骨と尺骨の茎状突起**：茎状突起を確認し掌屈《しょうくつ》と背屈《はいくつ》。すぐ遠位部に手根骨がある。

**豆状骨**：掌側手首の小指側にポコリと出っ張った骨。

**三角骨**：豆状骨の背側にある骨。

**有鉤骨《ゆうとうこつ》**：有鉤骨は掌側に鉤（突起）がある。豆状骨に近接している骨。

**有頭骨**：第３中手骨と関節をつくる有鉤骨の隣の骨。

**月状骨**：豆状骨と橈骨の間の骨。

**舟状骨**：月状骨の橈骨側の骨。

**大菱形骨**：第１中手骨と関節をつくる骨。

**小菱形骨**：第２中手骨と関節をつくる骨。

## EX-28：橈骨手関節の背屈――舟状骨&月状骨【図52】

**1**床に左手をつく。

**2**右親指を舟状骨（または月状骨）の上に置く。

**3**ゆっくり重心を前方に移動、ゆっくり重心を後方に移動、前後方向の移動をくり返し、手関節の動きを感じ取る。

**4** 同様に右をおこなう。

＊**ポイント…**手関節は橈骨と手根骨からなる関節。舟状骨は、手の甲から見て第2・3指のライン上で手関節のしわ辺りに位置している。月状骨は手の甲から見て第3・4指のライン上で手関節のしわ辺りに位置している。舟状骨および月状骨と橈骨の間で行われる前後方向の動きを感じ取る。前方への重心移動は、手関節背屈角度が深まるくらいで、そのとき、肘関節のしわ面は正面を向いていること（肘は後ろに）。

**図52：橈骨手関節の背屈**

①床に手をつき、右親指を舟状骨（または月状骨）の上に置く

②重心を前方に移動

③重心を後方に移動

手をつくこと、手で支えるのが苦手だという人がいます。これは前腕、上腕の垂直感覚が鈍い、手根の感覚が鈍いことが原因といえます。

またパソコン、ピアノ・楽器演奏、重いものを持つなどハードワークで手を酷使する人たちには、極端な手首の癖が目立ちます。手首を尺骨側へ曲げる（尺屈）、手首を橈骨側へ曲げる（橈屈）など、肘や肩にまで影響するような独特の偏りを持って作業をおこなっています。

偏った運動をおこなっていると、ある一定方向への刺激が過剰になり、やがて痛みや変形などの症状として出現します。その一方でそれ以外の方向の刺激がなくなり、必要のない運動、必要のない感覚と生体は認識し、しだいに感覚は鈍くなっていきます。

スポーツでも競技の特殊性、あるいは選手自身の癖などから運動が偏り、結果、手元が狂う（感覚のズレ）と訴える選手も少なくありません。

しかし、特に何も気にならないで生活している人たちの多くは、手根の感覚が薄く、鈍くなっていることに気づきにくい状態にあります。その理由は、手首が痛くなったら手首が悪いせいに、腱鞘炎になったら腱鞘が狭くなっているせいに、あるいは加齢のせいにするなど、原因とは別の推察を採用し、本当の原因について考えることがあまりないからではないかと考えています。

これは、手首に限った話ではありませんが、自分のカラダについては自分が一番の理解者でありたい、と私は願っています。

## 足根骨

足根骨は、足の指と下腿の間にある骨で七個あり、足のアーチ構造を形成する土台を担っています。足根骨は複雑な形の骨ですので、手根骨同様、実際にいま触っているのがどの骨か、一致させることが難しく感じる人がいらっしゃるかもしれません。触察するときの指標は、内果、舟状骨粗面、第５中足骨粗面、中足骨がわかりやすいと思います【図53】。

**脛骨と腓骨の内果と外果**：内果と外果を確認し底屈と背屈。すぐ遠位部に足根骨がある。
**踵骨**《しょうこつ》：アキレス腱の付着する骨。
**舟状骨**：内側の出っ張った骨（舟状骨粗面）。
**距骨**《きょこつ》：内果と舟状骨の間の骨。
**内側楔状骨**《ないそくけいじょうこつ》：第１中足骨と関節をつくる骨。
**中間楔状骨**：第２中足骨と関節をつくる骨。
**外側楔状骨**《がいそくけいじょうこつ》：第３中足骨と関節をつくる骨。
**立方骨**：第４・５中足骨と関節をつくる骨。外側の出っ張った骨（第５中足骨粗面）のすぐ近位部。

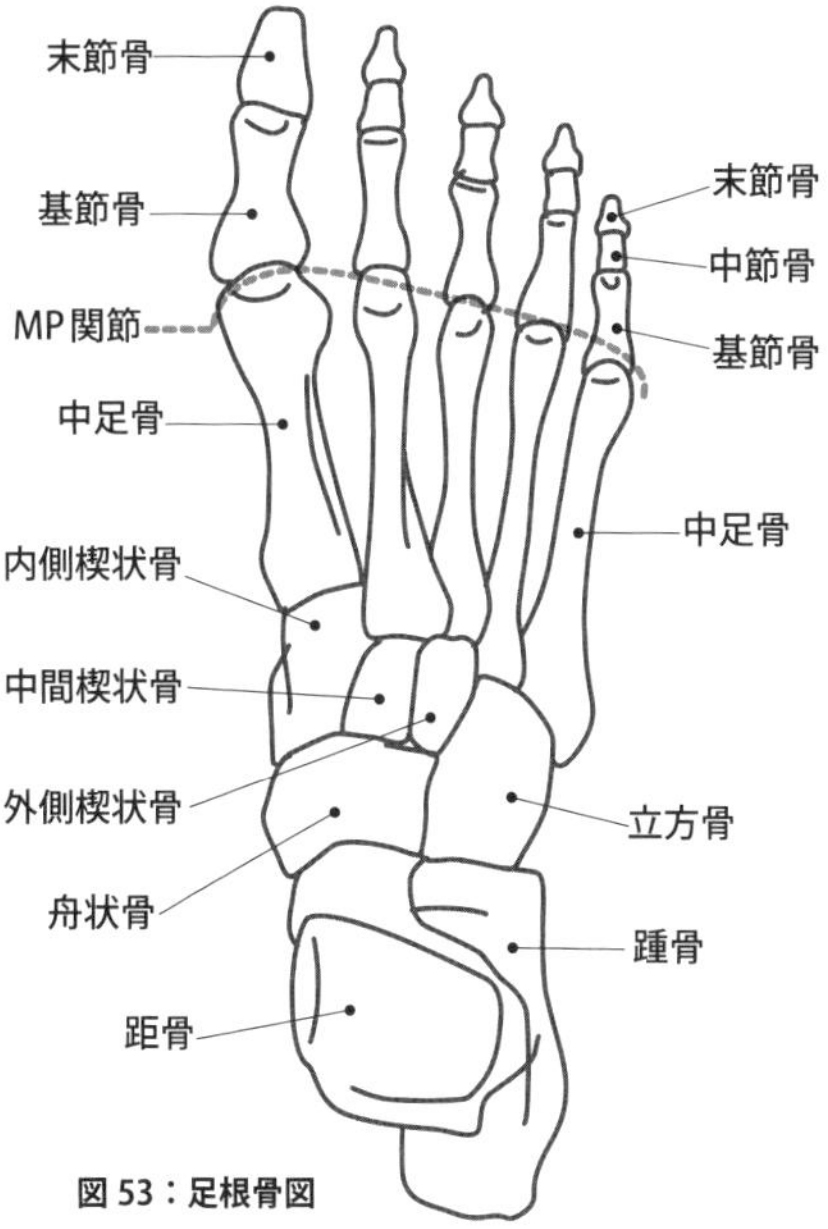


図 53：足根骨図

# EX-29：足根骨――ブレーキ解除（モビリゼーション）

《第1中足骨と内側楔状骨の関節モビリゼーション》【図54】

**1** 足を投げ出して座る。

**2** 左足を右足の上に置く。

**3** 左手親指で左足の舟状骨（舟状骨粗面）を確認。

**4** 左手親指をつま先の方へ少しずらす。舟状骨のすぐ遠位部にある内側楔状骨に親指を当て他の四指で足の甲（足根）を固定する。

**5** 右手で左第1中足骨の体を把握し、ゆっくり動かしながら関節の動きを感じ取る。

**6** 同様に右をおこなう。

***ポイント…**第1中足骨の関節と内側楔状骨からなる関節の動きを感じ取る。やや足の固定と中足骨の把握が難しいが、できる限り安定させるように心がけること。

**図54：足根骨：第1中足骨と内側楔状骨の関節モビリゼーション**

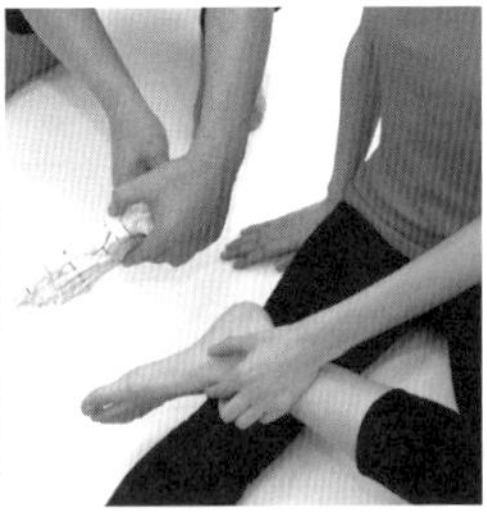

①左手親指で左足の舟状骨を確認

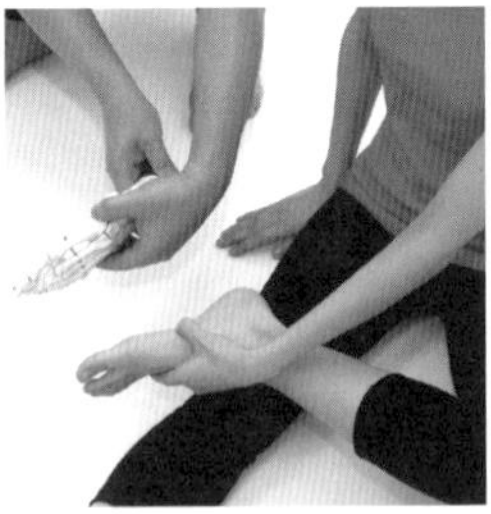

②左手親指をつま先の方へ少しずらす。舟状骨のすぐ遠位部にある内側楔状骨に親指を当て他の四指で足の甲（足根）を固定する

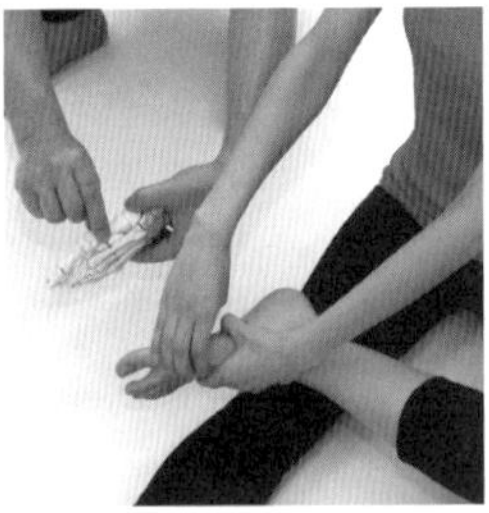

③右手で左第1中足骨の体を把握し、ゆっくり動かしながら関節の動きを感じ取る

《舟状骨と距骨の関節モビリゼーション》**【図55】**

**1** 足を投げ出して座る。

**2** 左足を右足の上に置く。

**3** 左足の内果と舟状骨（舟状骨粗面）を確認。

**4** 右手親指は内果と舟状骨の間、距骨に当て他4指で踵を固定。

**5** 左手親指は左足の舟状骨（舟状骨粗面）を把握し、ゆっくり動かしながら関節の動きを感じ取る。

**6** 同様に右をおこなう。

＊**ポイント…**舟状骨と距骨からなる関節の動きを感じ取る。動かす方向は舟状骨を足の甲側へ、カニの甲羅を開けるような感じでおこなう。

**図 55：舟状骨と距骨の関節モビリゼーション**

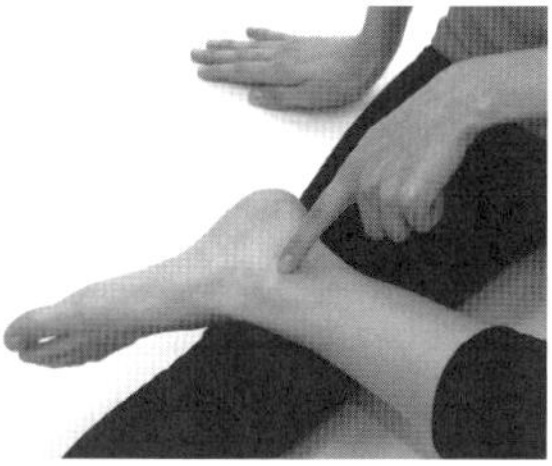

①左足の内果を確認

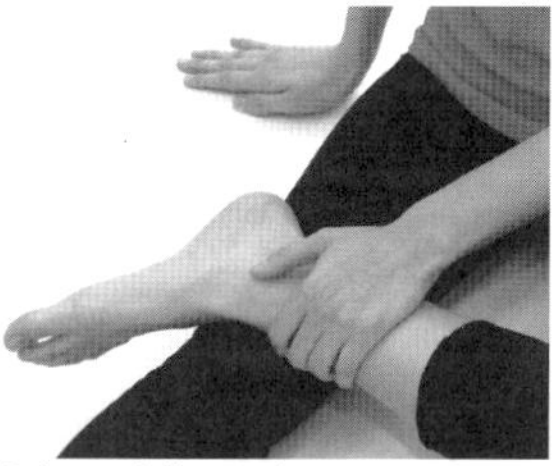

②左足の舟状骨を確認

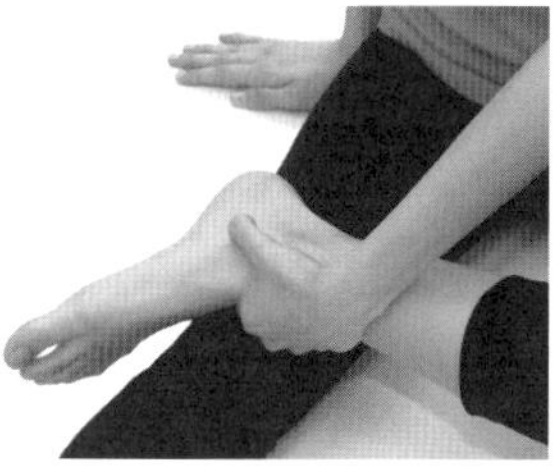

③左手親指で左足の舟状骨を把握する

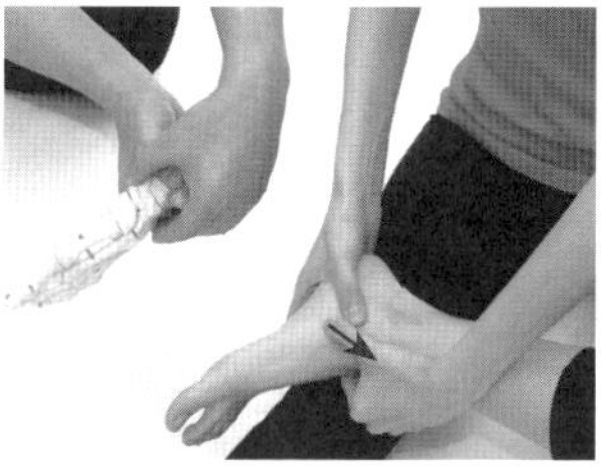

④右手親指は内果と舟状骨の間、距骨に当て、他の指で踵を固定する。左右の指をゆっくりと動かす

足の内側は、母趾球などへ加重をしてブレーキをかけることが多い。常にブレーキ状態を続けることが癖になっている人もいます。ブレーキ設定されたまま関節の動きを制限して、なおかつ、動いていては、トラブルへつながる可能性が高くなります。

ですから、ブレーキを解除するためには、関節の動きを感じ取るということをします。この操作は、動かして、感じ取って、可動が滑らかになる仕組みです。自分が動きの感覚を拾った分は、確実に実在する関節の可動域なのです。自分のブレーキ状況を理解し、無意識におこなっていた設定を解除することにより、滑らかなアクセルで動けるようになります。

## 8 足の親指を回復する

足の親指は、常にブレーキ状態を続けることにより故障することがあります。故障中の親指には、親指が反る、親指が浮く、親指が変形する、などさまざまな状態があります。

足の中で最も感覚が鋭い箇所は足指の先端です。

足の親指においても先端がセンサーとして働くはずなのですが、故障中の場合は刺激を感知できない状態にあります。また、故障中の足の親指はブレーキ設定になっていることもあります。

足の親指を回復するのには、深部感覚（足指末端への入力）、ブレーキ解除（モビリゼーション）、長母趾屈筋の筋回復（二三一ページ参照）と同時進行で、第1末節骨垂直感覚を厚くしていくことが必要になります。

## EX-30：第1末節骨——垂直感覚【図56】

1 床に対して親指を屈曲して末節骨を垂直に立てる。手でサポートして正確に立てること。

2 立てた末節骨の上に指を当て長軸方向に重さがかかるようにする。

3 手応えで垂直感を確認したらスリーカウント数える。

＊**ポイント…**サポートは親指と人差し指で足の親指の爪の横をつまむようにする。また、末節骨に重さをかけすぎると先端が痛くなる場合があるので、適度な重さを心がけること。

**図 56：第１末節骨**

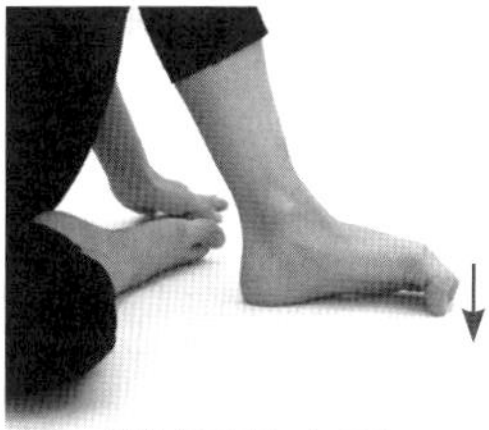

①床に親指を垂直に立てる

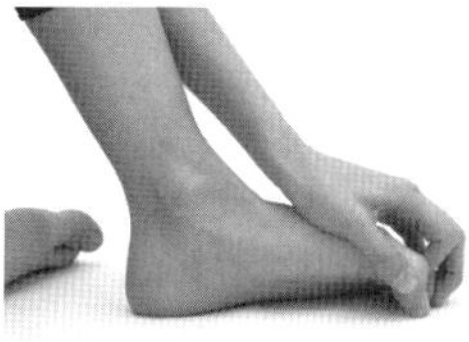

②手でサポートする

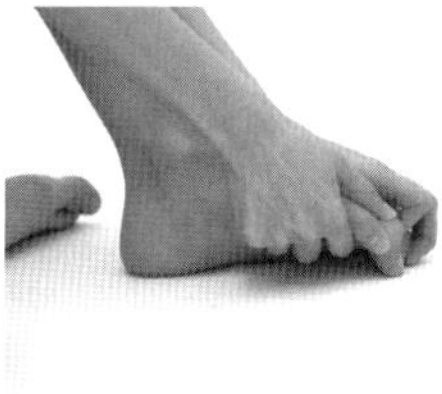

③末節骨に指を当てて、垂直方向に適度な重さをかける

④

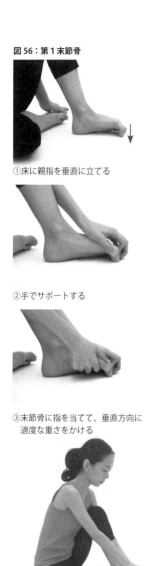

足の親指の回復目安は、足を投げ出したときに、親指が垂れる、親指が沈む、など親指に余分な力が作用していない状態です。逆に、親指が立っている、親指が反っている、など親指に余分な力が作用している状態は回復が進んでいません。リハビリ、トレーニングでは、機能回復、パフォーマンスアップにおいて、足の親指を含め足指末端が確実に接地する土台つくりを目指すべきです。

## 9 年を取ると転びやすくなるのはなぜ？

年を取ると身体機能が低下し、転びやすくなると言われています。原因は筋力の低下・柔軟性の低下・持久力の低下・協調性の低下・平衡機能の低下・視力の低下・聴力の低下・関節可動域が狭くなる、などと言われることが多い。

しかしながら、高齢の方たちを観察していると、転びやすそうな方もいらっしゃるし、そうでない方もいらっしゃいます。その違いは何だろうと思って、足元に注目して観察を続けました。すると、見えてきたことがあります。それは、接地の仕方に違いがあったのです。転ばないで歩ける方は「足の裏全体でカラダを支える接地」を、転びそうな方は「足の裏のどこかで集中してカラダを支える接地」をしていたのです。

片足立ちをして比較してみるとわかりやすいでしょう。

足の裏全体でカラダを支える接地は安定してバランスをとることができますが、足の裏のどこかで集中してカラダを支える接地は安定感がなく、バランスを崩しやすい状態になります。「歩く動作」というのは、両脚が一瞬宙に浮く瞬間がある「走る動作」（構造動作トレーニングのランニング法「ロウギアランニング」については二五五ページ参照）に対して、片脚が必ず支えになっています。つまり、歩くというのは片足立ちの連続だということがいえます。当然、片足立ちで安定感がなくバランスを崩しやすい接地状態にあれば、転びやすくなる確率は高くなります。

また、患者さんからは「足が出し難くなった」との声も多く聞かれます。

そうなると、足を出すためにウォーキングして、もも挙げなどで筋力強化を図るという発想をすることもこれまた多い。雑誌を見ても度々そういった特集を組んでいます。人気があるようです。ところが、筋力強化に励めば励むほど、かえって膝などを痛めることが少なくありません。それは、そもそも接地がままならず、片足立ちに安定感がないということが問題となっているからです。

接地は足の裏のどこかに集中してカラダを支えるよりも、足の裏全体でカラダを支える方が、基底面が大きく安定します。とてもシンプルな理屈です。足の裏のどこかで集中して接地している場合は、踵あるいは母趾球などで体重を受けてカラダを支えていることが多いです。そのため足の指が浮いていたり、土踏まずが潰れたりしており、それが転びやすい方の特徴ともいえます。

転びやすくなる確率を低くするには、足の裏全体でカラダを支える接地で片足立ちを安定させることが先決となります。しかし、これまで踵や母趾球といった特定の部位でカラダを支えてきたということは、足の指が長い間眠りについている可能性が高い。

足の裏全体で接地しようにも、足の指に意識が通らないくらいに感覚が消失している、あるいは鈍くなっていることが考えられます。また足の爪の状態を観察すると黒く濁っていたり、変形していたり、爪が消失していることもあります。これは足の指先を接地してこなかったために適切な刺激を受けることがなかった爪の栄養状態が悪くなって起きている現象です。

まずは、深部感覚の入力から足の指が接地する感覚を厚くして、片足立ちを安定させましょう。

## EX-31：片足立ち【図57】

1 まず左足に深部感覚ルーティーンの足指（末端）の入力をし、足指の末端の一本ずつが床に接触する感覚を拾う。

2 感覚を保ったままで左足を接地し、右脚をあげて片足立ちになる。

3 安定感を確認したら、感覚を入力していない右足を接地して片足立ちとなり、

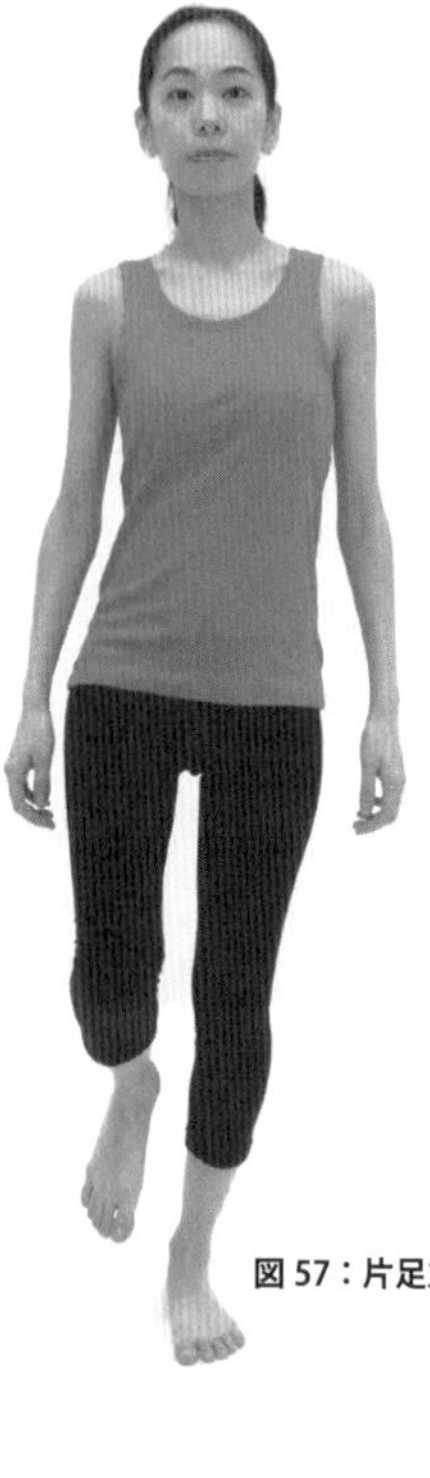

図57：片足立ち

違いを感じとる。

**4** 右足でも同様におこなう。

浮いていた足の指が接地することで、基底面は大きくなり片足立ちの安定感が増します。変化を感じられない場合は、感覚を拾えていないことが考えられますので、くり返し入力して感覚の実力を養ってください。

接地は圧を分散して衝撃を和らげることが重要です。圧が集中する接地では衝撃が和らげられることなく、ダメージをカラダに蓄積してしまっているので、膝や腰に必要以上の負担をかけすぎている傾向にあります。

足の指に意識が通るようになったら、骨格筋回復ルーティーンの長趾屈筋、長母趾屈筋の回復とあわせて衝撃を和らげる接地ができる足づくりを進めましょう。

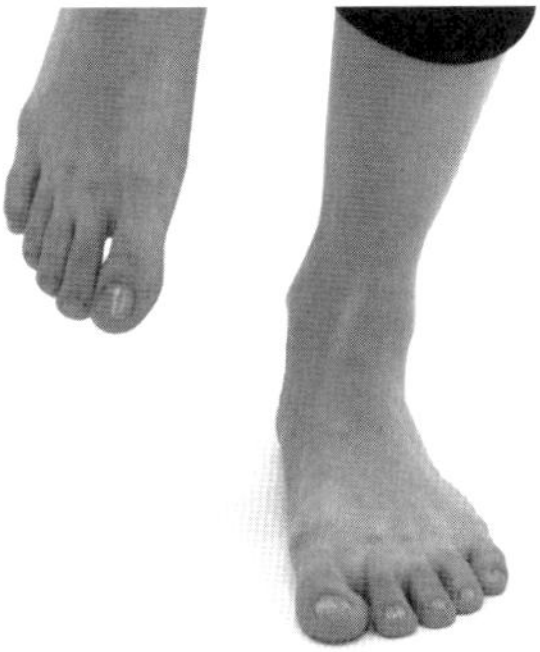

足裏全体で体重を支える

## 10 感覚の活性化で器用になる？

本書でご紹介してきた深部感覚トレーニングの目標は、「**ヒト本来のカラダの機能状態へ回復**

**すること**」です。

「感覚を活性化すると器用になりますか？」という質問をいただくことがあります。トレーニングを重ねることで鈍かった感覚が厚くなる分、カラダの機能回復が進んでいきます。機能回復が進んだことをもって器用になるともいえますが、どうでしょうか。器用とは、カラダを思うように動かして、芸事・工作などをうまくこなすことです。

器用というのが、技術的に器用になることならば、その技術訓練に励まなければ、それを手に入れることはできません。「カラダの機能的な事柄」と「技術的な事柄」は混同されることが多いです。しかし、それらは明確に異なったものでもあります。ですから、目的を明確にしてトレーニングに取り組むことが大切です。

ただし、技術的に器用になるためには、技術訓練の他に、技術に見合うだけのカラダの機能状態に達していなければ、きちんとした技術が身に付かないことはいうまでもありません。深部感覚の回復が進むということは、センサー（感覚受容器、固有受容器）が研ぎ澄まされ、内外の刺激を感知する感覚が厚くなり、技術訓練も精密になっていく、ということなのです。

学生時代、生理学の先生からすすめられた一冊の本があります。

高木健太郎先生による『「やぶにらみ」の生理学――高木健太郎的発想とその発展』（健友館）です。高木先生は汗の研究、体温調節研究で世界的に有名な方です。当時、私は読んでも理解ができなかったので、ろくに目を通さずに本棚へ収めてしまいました……。

二十数年を経て、いま手にとってみると、何か新鮮さが伝わってきます。高木先生は明治（一九一〇年）生まれですが、明治生まれの方には感覚の優れた人が多いように感じます。平成よりも昭和、昭和よりも大正、大正よりも明治と時代を遡れば遡るほど、ヒト本来の感覚が研ぎ澄まされていたような気がします。

私が好きな高木先生の言葉があります。

欲に従い、欲にのるな
センサーを磨きすませ
検査を受けて、気に病むな
頭を使って気を使うな
人間は規則正しい構造物である

読者の方々も、ご自身なりのセンサー（感覚受容器、固有受容器）をぜひ深部感覚トレーニングによって研ぎ澄ませていただければと思います。

# 第5章

# 「動き」を変えるトレーニング

## 1 変化する動きを実感する

「動き」のトレーニングは、重心移動の軌道を滑らかにすることが目的です。

深部感覚ルーティーンでは、重力を無理なく受けることができる骨格位置を記憶していきました。このときの重心位置がニュートラルになります。重心のニュートラル位置は、基本ポーズでくり返し感覚と実際を擦り合わせておくとよいでしょう。

これまで後重心の習慣だった人が、重心ニュートラルの骨格位置を記憶すると、かなり前重心に感じると思います。一方で、実際の前重心というのは重心ニュートラルから前に重心が移動することをいいます。感覚と実際のズレがない状態までくり返していきましょう。

トレーニングを積み重ねていくとカラダの機能回復が進んでいきます。重心位置は、骨格位置を調節する骨格筋の機能が上がることで、わずかながらも変化を続けていきます。それは、「姿勢」の質が上がることであり、同時に重心ニュートラル位置の適格さを備えることにもなります。

重心移動が滑らかな軌道を描くためには、重心ニュートラル位置を基準点として、空間の中で「動き」に適した骨格位置を認識することが重要です。

深部感覚のスイッチを入れるには、ルーティーンで足から頭までの位置覚、運動覚、重量覚などの感覚を拾い、完成した骨格ポジションを脳に上書きをすることが必要となります。骨格ポジションの完成度は、骨、関節、筋肉がそれぞれの持ち場についていれば高いといえるでしょう。このとき、カラダは軽くなり、そのことが各器官が役割を確実に果たしている証拠となります。逆にカラダの変化を感じないときは、感覚を拾えていないか、すでに高い完成度にあるかのどちらかです。

感覚を拾えていない場合は、重心位置がニュートラルにない、あるいは各器官が役割を果たせない、不十分な骨格ポジションの可能性があります。丁寧なルーティーンを心がけて深部感覚を理解することが大切です。たとえば、左足の感覚を拾ったら、まだ入力していない右足と比較し、変化と効果を検証する。そうした検証を重ねることで深部感覚の理解が深まると思います。

動きにおいては、基準点の重心ニュートラ

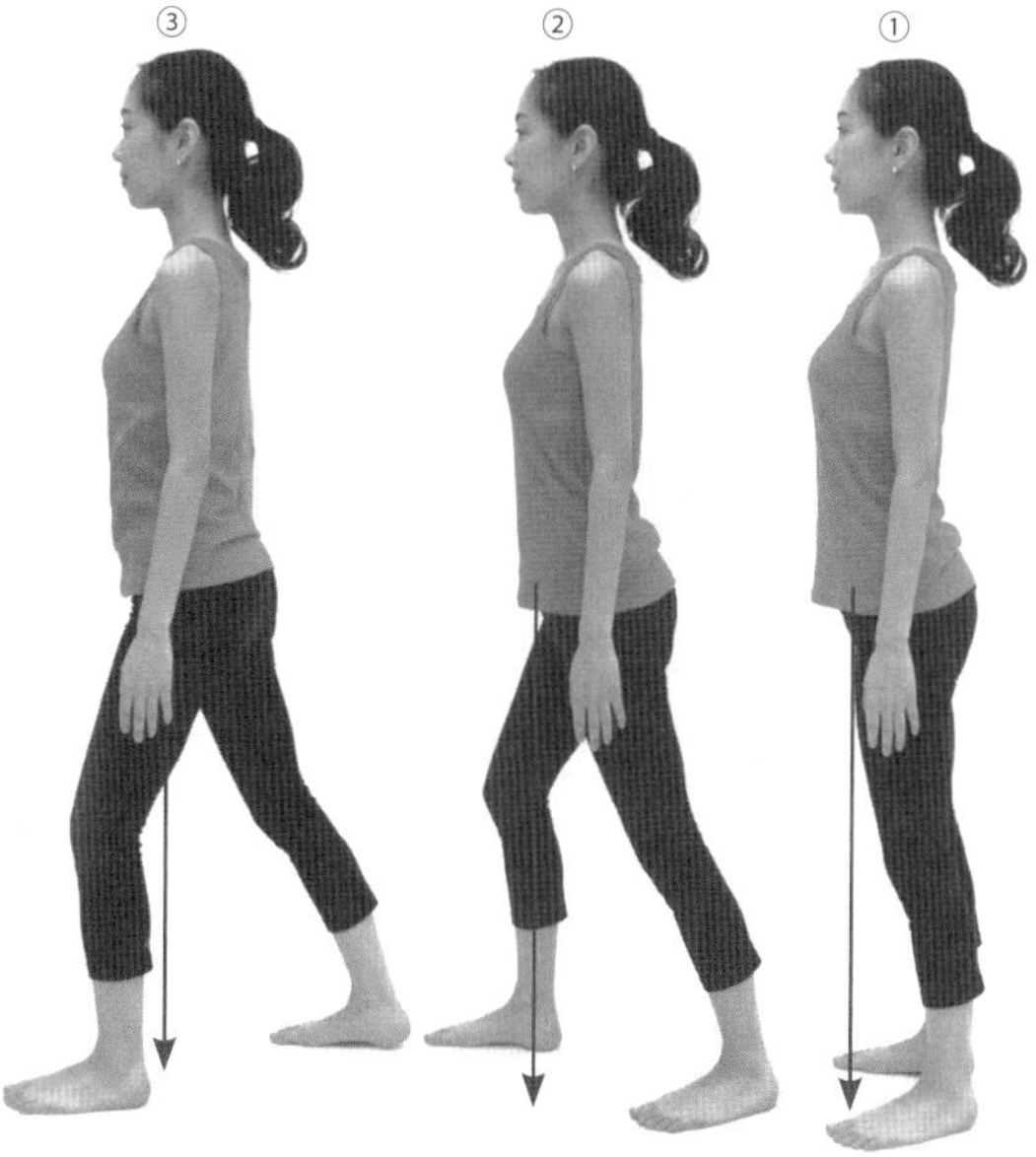


**図 58：重心ニュートラルからの動き出し**

ル位置から動き出すこと。

重心ニュートラル位置は、前後左右へすぐさま動き出すことができます。この位置から動くと疲れにくく、楽に動くことができます。このとき重心移動は滑らかな軌道を描きます。

一方で、後重心位置から動き出すとなると、まずニュートラルに、それから前へ、という順を踏まなければならない。しかし、後重心の習慣で動いている人は、重心移動をするというよりも筋力で一気に動き出すことがほとんどです。筋力を使うと疲れやすく、動くことが大変です。このとき重心移動は鋭利な振幅が軌道に刻まれます【図58】。

滑らかに動き続けるためには、空間の中で「動き」に適した骨格位置を認識すること。

そのためには、空間の中で自分のカラダを

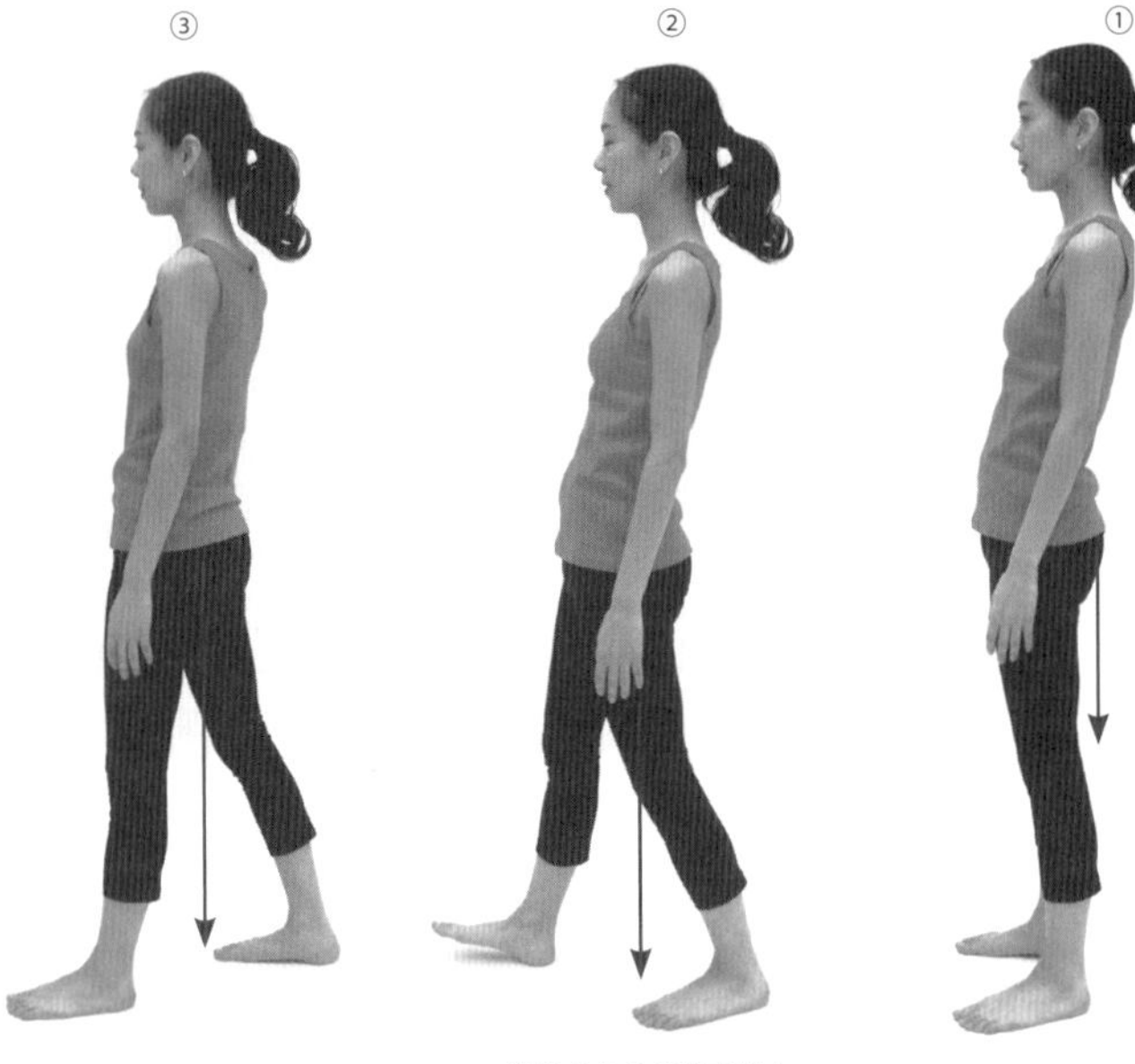


後重心からの動き出し

立体的に観察し、なおかつ、内部の各パーツを意識化することが必要です。意識化とは、最も身近にありながら普段、意識に上がらない深部感覚を鮮明な無意識へと色濃く重ねあわせることです。

空間には重力という未知なる力が降りそそいでおり、それを無理なく受けることができる骨格位置があります。外部の重力と内部の運動・感覚の働きは、空間内の自分の立ち位置をさじ加減ひとつで良くも悪くも動かします。

ヒトにできることとは、深部感覚をかき集めて、「動き」を創造する骨格位置を認識することです。そして、うつろいゆく重心のゆくえを絶えず実感することが「動き」を滑らかにすることにつながります。

## 2 寝る姿勢――スニッフィングポジション

寝るときの姿勢には、仰向け、うつ伏せ、横向き、皆さんそれぞれに自分が寝やすいポジション、寝る姿勢があると思います。

私がヒトの重心移動を見てきて出した結論は、「**寝る姿勢＝重心移動が可能なポジション**」ということです。つまり、寝る姿勢は、仰向けやうつ伏せなどの一つの姿位に固定しないで「寝返りを打つ」ことを前提にしているということなのです。

長年、腰痛で悩んでいる人たちは、一晩中ほとんど寝返りを打ちません。それは、寝返りを打てるカラダの機能状態にないということを示しています。また、長年寝たきりの方では、褥瘡《じょくそう》が問題になります。褥瘡とは、長い間病床についていたために、骨の突出部の皮膚や皮下組織が圧迫されて壊死《えし》に陥った状態です。重心移動ができないカラダの状態では、寝返りを打つことができずトラブルを引き起こしてしまうのです。

寝る姿勢の対策は、深部感覚ルーティーンをおこなって、カラダを整えてから仰向けで寝ます。足元は、膝をゆるめて股関節に遊びをもたせます（足元はやや外向きで股関節幅）。頭蓋骨のポジションはスニッフィングポジション（sniffing position）をとります。スニッフ（sniff）とは、〝匂いを嗅ぐ〟という意味で、麻酔科では挿管（人工呼吸器用のチューブを入れること）する際〝スニッフィングポジションをとる〟と言います【図59】。

小さい手術で挿管をしない場合は、鎮静剤や鎮痛用の麻薬を投与するのですが、いびきをかいたり気道が閉塞することが多いので（〝舌根が落ちる〟と言われます）、枕の高さを調整したり、下顎を挙上してあげたりします。

いわゆる気道確保です。

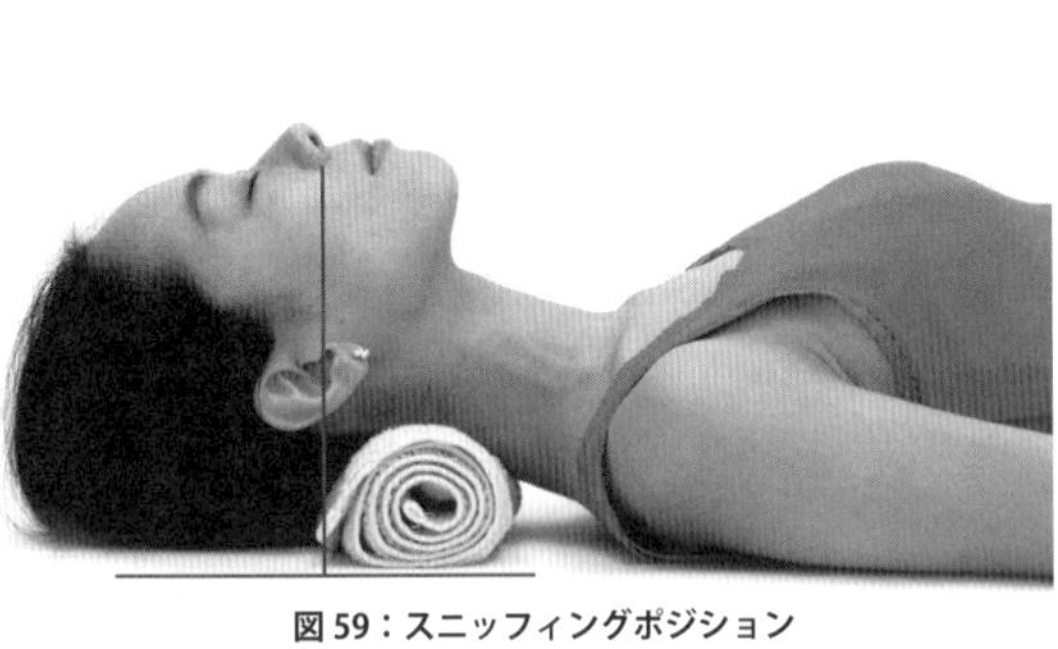

**図59：スニッフィングポジション**

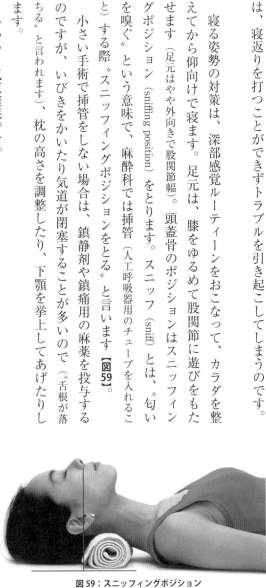

仰向けのときの頭蓋骨の位置は、耳の穴と鼻を結ぶライン（鼻棘耳孔線）が床やベッドに対して垂直で天井を向きます。このポジションは、呼吸が楽で、頭蓋骨の左右運動が円滑になります。寝返りは頭蓋骨の運動によって重心の移動方向が決定されます。赤ちゃんの寝返りを観察しますと、頭蓋骨の運動により重心の移動方向が決定され、次いで顔の向きに胸郭（体幹）が誘導され、寝返りを打ちます。

頭というのは運動の要でありますから、頭を押さえ付けられると、運動がストップし、身動きがとれません。これは、寝返りに限らず、立って動くときもヘッドウエイトをコントロールすることが重要です。

## 3「動トレ」、「骨盤起こし」との連動で創造的にトレーニングを構築する

### 筋回復ルーティーン

感覚受容器（固有受容器）は、筋、腱、関節に多数存在しています。深部感覚を拾えない理由には、骨格筋の機能が不十分なために、必要な刺激が内部に起こらないか、骨格筋の機能と同様に感覚受容器の機能が低下して内部の刺激を感知できないことが考えられます。

いずれにせよ、十分な運動ができないことが問題です。骨格筋を一〇〇パーセント機能させて

いる人間はまずいないでしょう。これは、単筋を一〇〇パーセント機能させるということではなく、ヒトの運動においてそれらが一〇〇パーセント機能しているということです。たとえ単筋で機能する状態になったとしても、その筋肉の作用する運動の方向は限られています。ヒトの運動は、あらゆる方向にさまざまな筋肉が作用してこそ機能するということになるのです。

骨格筋の機能を回復させるにあたっては、**収縮率を上げること**が重要となります。骨格筋が力を発揮するのは収縮するときなのです。

しかし、深部感覚の低下などから、骨格位置が不十分で、骨格筋の付着する起始停止の位置も定まらないために、十分な収縮ができない状態にあることが多いのです。また、偏った運動の癖は、不十分な位置での過剰収縮を余儀なくし、かたや運動に参加しない骨格筋は機能低下の一途をたどっています。

骨格筋の収縮率を上げるためには、骨格ポジションを整え、起始停止の位置を定め、関節の運動方向へ一気に収縮させます。

筋回復ルーティーンのやり方は、深部感覚ルーティーンで記憶した骨格ポジションを踏まえて、関節の運動方向へ骨格筋を「完全収縮」させるというシンプルなものです。

骨格ポジションの完成度を上げることは、すなわち骨格筋の収縮率を上げることになります。また、感覚受容器の機能を高めるためにも骨格筋の回復は欠かせません。

深部感覚ルーティーンと同時進行でトレーニングすることが大切です。

### 長趾屈筋と長母趾屈筋

足の指を曲げる筋肉は、下腿《かたい》（ふくらはぎ）の深層筋です。長趾屈筋と長母趾屈筋が収縮することで足の指を曲げることができます。

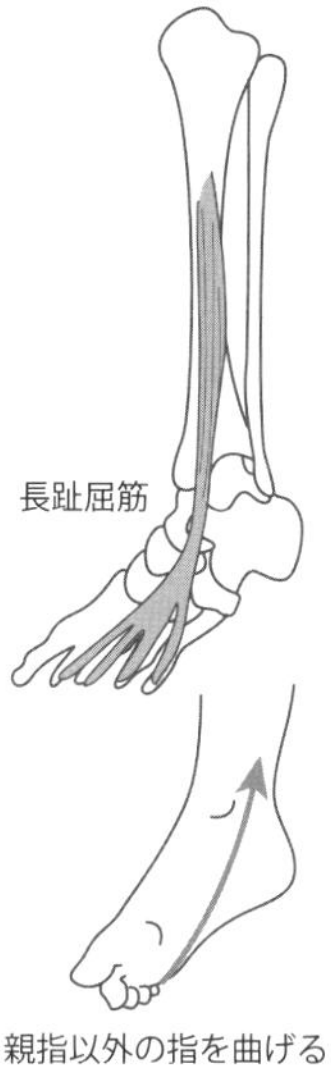

親指以外の指を曲げる

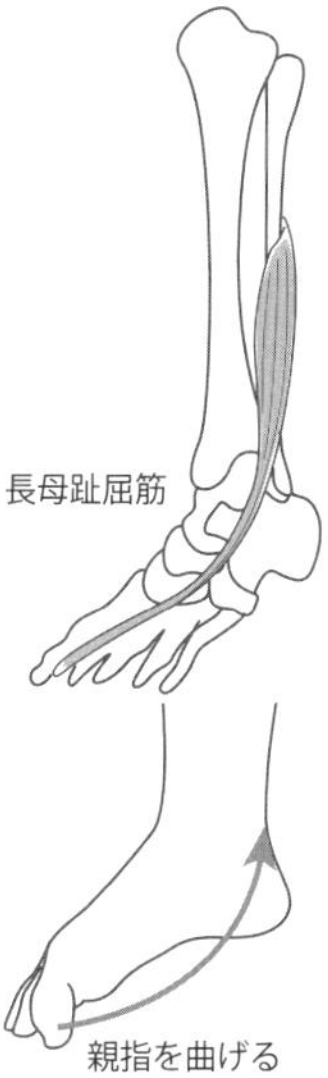

親指を曲げる

## EX-32：足指を曲げる——趾節間関節＋中足指節関節の屈曲【図60】

1 足を投げ出して座る。
2 右足を自分の側に寄せる。
3 左足のつま先を立てる（足関節背屈）。
4 左ふくらはぎを両手で包む。
5 左足指を握り込む。ふくらはぎがカチカチに固くなるように、しっかり左足指を握り込んで下腿深層筋《かたいしんそうきん》を完全収縮させる。

**6** マックスまで収縮させたらスリーカウント数え、素早く力を抜いてリリース。

**7** 右を同様におこなう。

**＊ポイント…**ゆびなりに足指を屈曲できない場合は、足指の骨の位置、足指の関節運動方向などの深部感覚が鈍くなっている。その際は、足指の位置を整え、足指の曲がる方向を誘導しながらおこなう。足指を手でサポートし、これらの感覚を厚くしつつ、長趾屈筋と長母趾屈筋を収縮させる。

また、機能低下した骨格筋では、このような単純な運動方向ですらミスをする。それは、筋肉を収縮させるときに攣《つ》ることで表れている。その際は、すみやかに、立ち上がり足を馴染ませること。

**図60：足指を曲げる**

①足を投げ出して座り、右足を寄せる

②つま先を立てる

③ふくらはぎを両手で包み込む

④足指を握りこんでカチカチにする

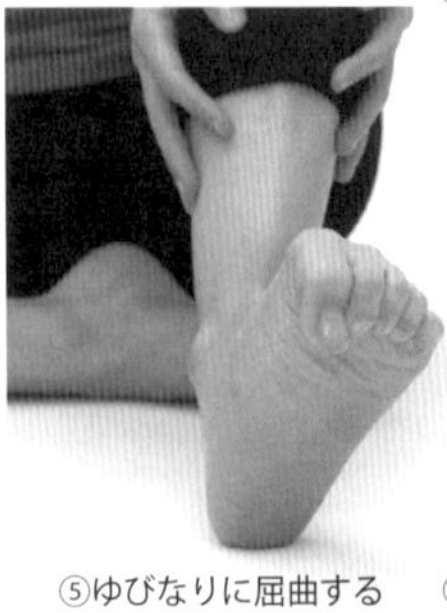

⑤ゆびなりに屈曲する

足の指を十分に曲げることができない状態は、下腿（ふくらはぎ）の深層筋が十分に機能していない状態です。その場合、下腿の骨格筋は一〇〇パーセント機能する状態にありません。もしかしたら下腿の機能の半分に満たない状態で動作を担っているかもしれない。

下腿、足の怪我や不調の背景には、不十分なカラダの機能状況が考えられます。また、足の指は、カラダを支える土台を形成するのに欠かせません。よく練習しましょう。

**前脛骨筋《ぜんけいこつきん》**

足首を背屈する筋肉は、脛の前面、脛骨の際の筋肉です。前脛骨筋が収縮することで足関節を背屈することができます。

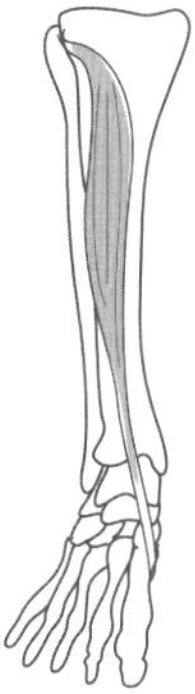

前脛骨筋

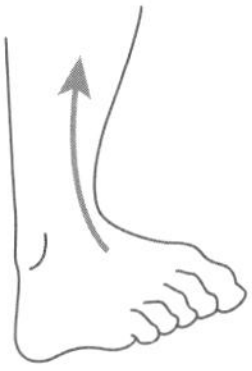

つま先を上に引き上げる

## EX-33：足首を背屈する――距腿関節の背屈【図61】

**1** 足を投げ出して座る。

**2** 右足を自分の側に寄せる。

**3** 左足下腿の前面に手を当てる。

**4** 左足のつま先を自分の側へ引き寄せるように足関節を背屈する。左足下腿前面の筋肉がカチカチに固くなるように、しっかり足関節を背屈、前脛骨筋を完全収縮させる。

**5** マックスまで収縮させたらスリーカウント数え、素早く力を抜いてリリース。

**6** 右を同様におこなう。

＊**ポイント…**足関節の背屈方向は、膝に遊びをもたせた状態において、足の小指と薬指を手で把握し、自分の側へ引き寄せる方向。膝を伸ばしたまま、つま先を立てると、足首を捻じった状態で足関節を背屈することになりやすいので注意が必要となる。それは、足関節の背屈方向がアクセルにもブレーキにもなるからだ。前者（薬指、小指方向）はアクセル、後者はブレーキになる。足関節の背屈は、アクセル方向で前脛骨筋を完全収縮する。

**図61：足首を背屈する**

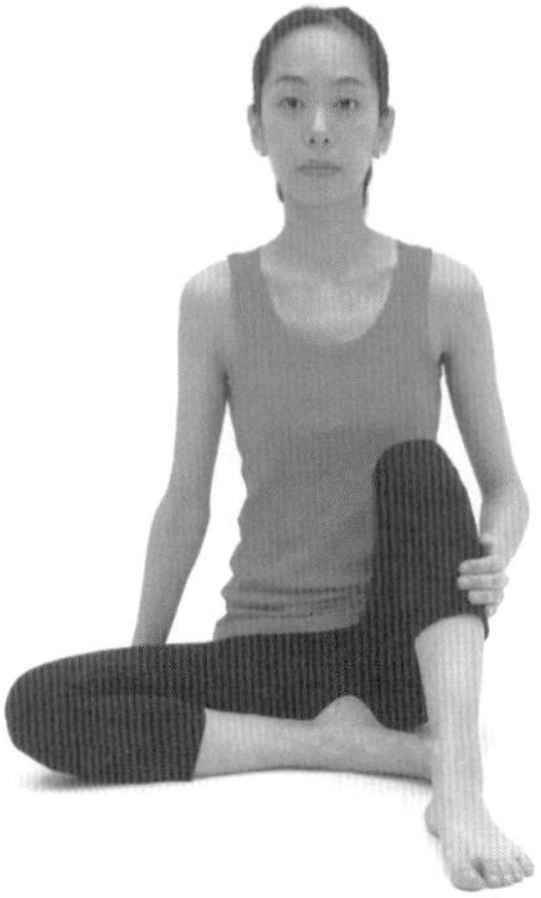

①左足下腿の前面に手を当てる

②足関節を背屈する

前脛骨筋の収縮と間違えやすい筋肉があります。それは、前脛骨筋の外側にある長趾伸筋《ちょうししんきん》です。長趾伸筋は第2足指～第5足指を伸展する作用があります。足首を外反に捻じって背屈してしまうと、この長趾伸筋が作用しています。また、捻じれがきついと、その外側の腓骨筋《ひこつきん》が作用しますので、純粋な背屈を意識することが大切です。

足関節の背屈はヒトのカラダを前方へ運びます。つまり、足関節の背屈は、ヒトの重心を移動させる重要な関節運動なのです。前脛骨筋の機能が不十分な状態では重心移動を滑らかにおこなうことができません。

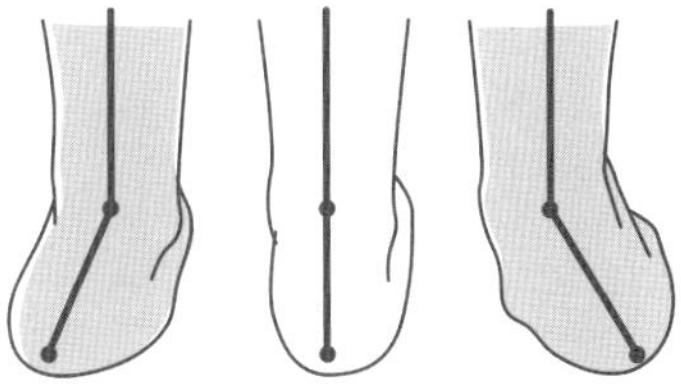


### 後脛骨筋《こうけいこつきん》

足首を底屈する筋肉は、ふくらはぎの深層筋です。後脛骨筋が収縮することで足関節を底屈することができます。

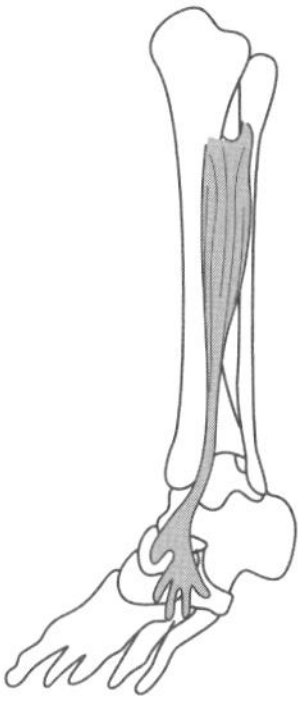


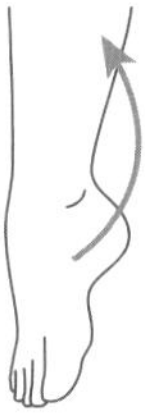


## EX-34：足首を底屈する――距腿関節《きょたいかんせつ》の底屈【図62】

1 足を投げ出して座る。

**2** 右足を自分の側に寄せる。

**3** 左ふくらはぎに手を当てる。

**4** 左足のつま先を自分の側から遠ざけるように足関節を底屈する。左ふくらはぎの筋肉がカチカチに固くなるように、しっかり足関節を底屈、後脛骨筋を完全収縮させる。

**5** 小指を床に付けて、ゆびなりに握りこむ。

**6** マックスまで収縮させたらスリーカウント数え、素早く力を抜いてリリース。

**7** 右を同様におこなう。

**図 62：足首を底屈する**

①左ふくらはぎに手を当てて、足関節を底屈する

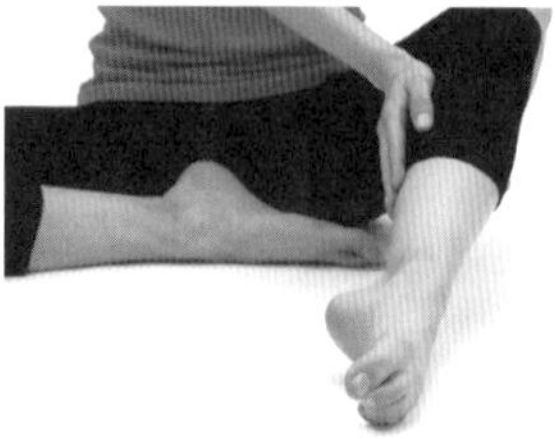

②小指を床に付けて、ゆびなりに握りこむ

＊**ポイント…**足の小指側を床に押し付けるように、あるいは、踵を浮かせて、天井へ向けるように足関節を底屈する。そして、足関節をしっかり底屈することが、後脛骨筋を完全収縮することになるので、足の甲を出すように、あるいは、踵をアキレス腱に近づけるように底屈するとよいだろう。

また、機能低下した骨格筋では、このような単純な運動方向ですらミスをする。それは、筋肉を収縮させるときに攣《つ》ることで表れている。その際は、すみやかに、立ち上がり足を馴染ませる。

クラシックバレエでつま先が内側に曲がる足つきのことを鎌足（バナナ足）といいます。ダンサーの方たちは、鎌足を修正してまっすぐで美しい足にするために苦労されています。

後脛骨筋の作用には底屈と内反があり、鎌足というのは、底屈よりも内反が勝った足ということなのです。ですから、後脛骨筋を完全収縮して、しっかりとした底屈を意識することが大切なのです。まっすぐで美しい足のダンサーは、足関節の底屈、回外、股関節の外旋が連動して滑らかな脚の軌道を描きます。

## 浅《せん》・深《しん》指《し》屈《くっ》筋《きん》と長《ちょう》母《ぼ》指《し》屈《くっ》筋《きん》

手の指を曲げる筋肉は、前腕前面の筋肉です。浅・深指屈筋と長母指屈筋が収縮することで手の指を曲げることができます。

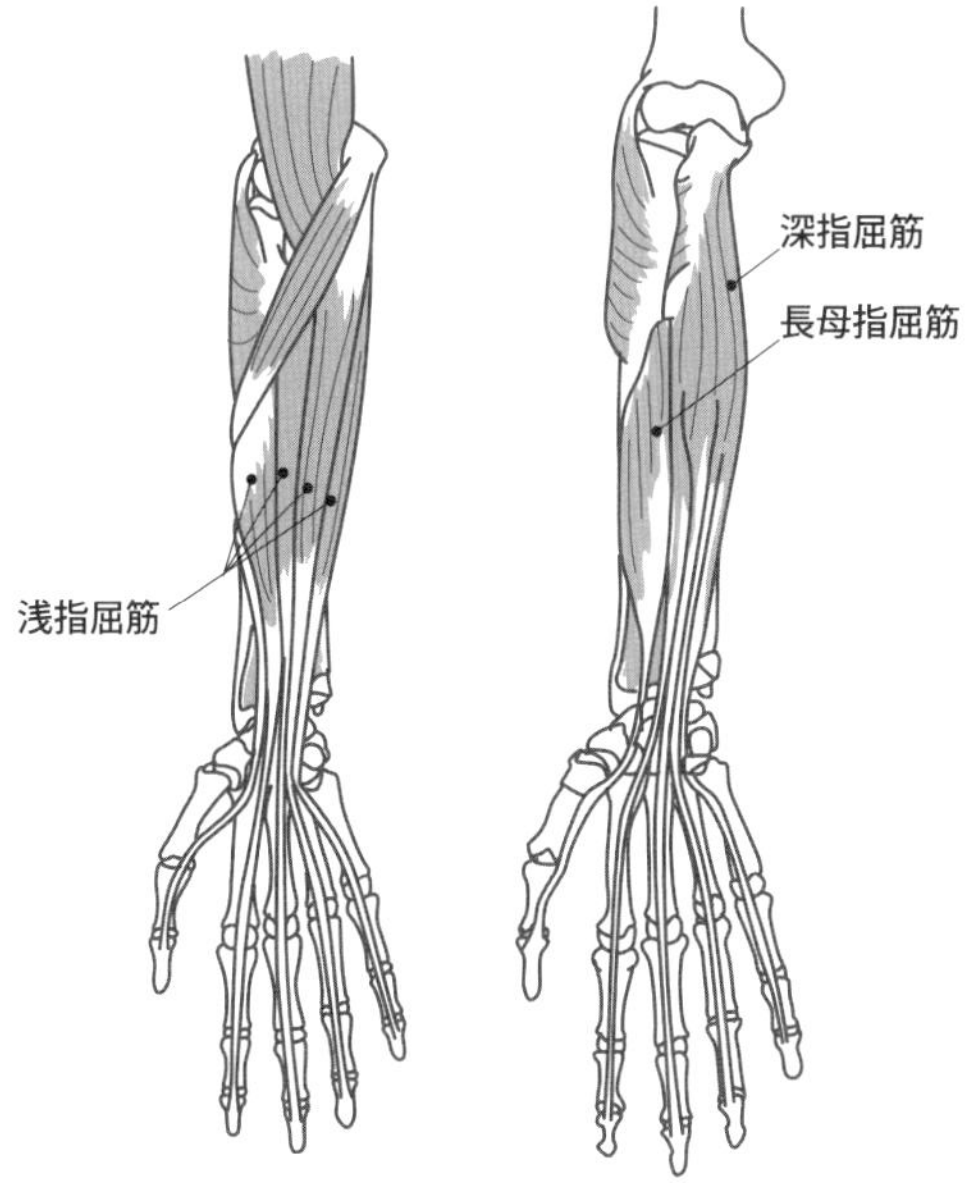


浅指屈筋の深層に位置する深指屈筋と長母指屈筋を示してある

## EX－35：手の指を曲げる――指節間関節＋中手指節間関節の屈曲【図63】

1 立位で小さく前ならえ。
2 左手の平を上に向ける（左前腕を回外）。
3 左手を握り込む。
4 左前腕の前面に右手を当てる。
5 左前腕前面の筋肉がカチカチに固くなるように、左拳が指なりに小さくまとまるように、浅・深指屈筋と長母指屈筋を完全収縮させる。
6 マックスまで収縮させたらスリーカウント数え、素早く力を抜いてリリース。
7 右を同様におこなう。

図63：手の指を曲げる

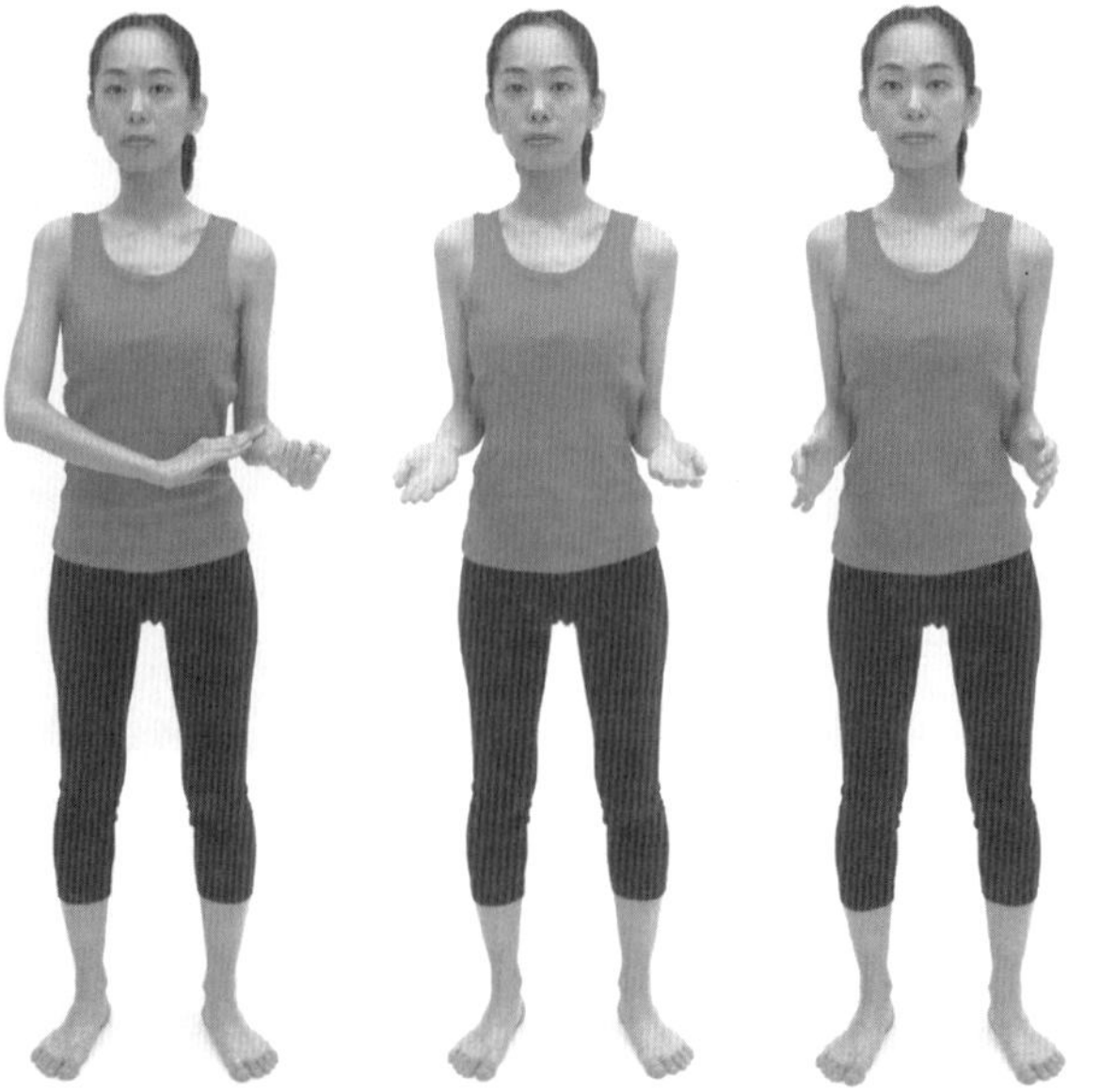

③前腕の前面に反対側の手を当てて、拳を握りこむ　②手のひらを上に向ける　①小さく前へならえ

**＊ポイント…**拳をつくるときは、小指から順に、指なりに屈曲する。母指は、中指につける（第３中節骨）。拳をでき得る限りコンパクトにまとめ上げることで浅・深指屈筋と長母指屈筋を完全収縮させることができる。手首は橈屈、尺屈、掌屈のどこにも偏らない位置を保持する。

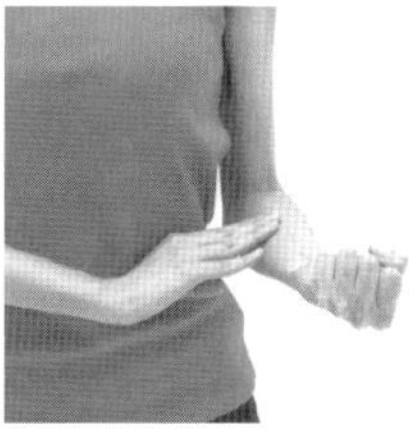
④拳が指なりに小さくまとまるように完全に収縮させる

ヒトの手先は器用で巧緻性に優れています。玉子やボールをつかむ。お寿司やバットを握る。やわらかいもの、かたいもの、そのものに合わせ、つかんだり、握ったりできます。絵を描くこともピアノを弾くこともできる。

手は、とても感覚に優れた構造物です。しかし、私たちは手の機能を十分に生かし切れていません。トラブルが起きればその機能について考えるかもしれませんが、器用がゆえにそれなりに動かせてしまいますから、あまり気にすることもないのではないでしょうか。

たとえば、拳を握ります。

指の関節は最大限に曲げることができていますか？　実は、関節の遊びを反対の手で押して確認してみると、最大には曲がっていないことが多いのです。手は立体的な構造をしていますので、指をきちんと曲げることができればもっとコンパクトな拳をつくれるはずです。

手は体幹の力を末端、道具へ通す大切な役割があります。まずは、指先を動かす筋肉を十分に機能するよう回復させておくことが大切です。

### 上腕二頭筋

ひじを曲げる筋肉は、力こぶをつくる筋肉です。上腕二頭筋が収縮することでひじを曲げることができます。

## EX-36：ひじを曲げる

——肘関節の屈曲【図64】

1 立位で小さく前ならえ。
2 左手のひらを上に向ける（左前腕を回外）。
3 左手を握り込む。
4 右手を左力こぶ（上腕二頭筋）に当てる。
5 左手首が偏らないように保持しながら

図 64：ひじを曲げる

①小さく前へならえ

②手のひらを上に向ける

③上腕の前面に反対側の手を当てて、拳を握り込む

④肘関節を最大に屈曲し、筋肉がカチカチに固くなるように、上腕二頭筋を完全収縮させる

ら肘関節を最大に屈曲し、筋肉がカチカチに固くなるように、上腕二頭筋を完全収縮させる。

**6** マックスまで収縮させたらスリーカウント数え、素早く力を抜いてリリース。

**7** 右を同様におこなう。

***ポイント…** 上腕は垂直ポジションを保持する。肘関節のみを屈曲すればよいはずが、力を入れようとするあまり上腕下端が前方へ移動、あるいは、肩を上げて上腕が内旋し、上腕の垂直位置を保てないことがある。上腕二頭筋は、肩甲骨の関節上結節と烏口突起に付着している。上腕の位置が変わると筋肉の起始停止部も変わってしまい、十分な収縮をおこなうことができない。また、脇が甘い、脇が空いている状態も上腕垂直ポジションを保持できていない。

上腕垂直位置を保持することは、そのまま「体幹を保持すること」につながります。片方ずつの上腕二頭筋の完全収縮に慣れてきたら、左右の上腕二頭筋を同時に収縮します。つまり、左右の上腕を垂直位置に保持して肘関節を最大に屈曲するのです。この左右の上腕二頭筋の完全収縮に慣れてくると、左右の上腕を垂直位置に保持することが身に付きます。

この感覚を持って、脇が空いている状態にあると、体幹が崩れている、あるいは、体幹が弱い、などの体幹が保持できてない状態がよくわかるようになります。

ヒトが滑らかに動くためには、体幹を保持することが大切です。上腕二頭筋を回復して上腕垂直位置を保持できるようになることは、ヒトの動きを滑らかにすることにつながるのです。

## 広背筋

わきを締める筋肉は背中の筋肉です。広背筋が収縮することでわきを締めることができます。

### EX-37：わきを締める――体幹に上腕を保持する【図65】

1 立位で小さく前ならえ。
2 手の平を上に向ける（左前腕を回外）。
3 手を握り込む。
4 手首が偏らないように保持しながら肘関節を最大に屈曲する。
5 上腕垂直位置を保ち、左右の上腕で体幹を挟み込みながら、背中の筋肉をカチカチに固くして、広背筋を完全収縮させる。
6 マックスまで収縮させせたらスリーカウント数え、素早く力を抜いてリリース。

図65：わきを締める

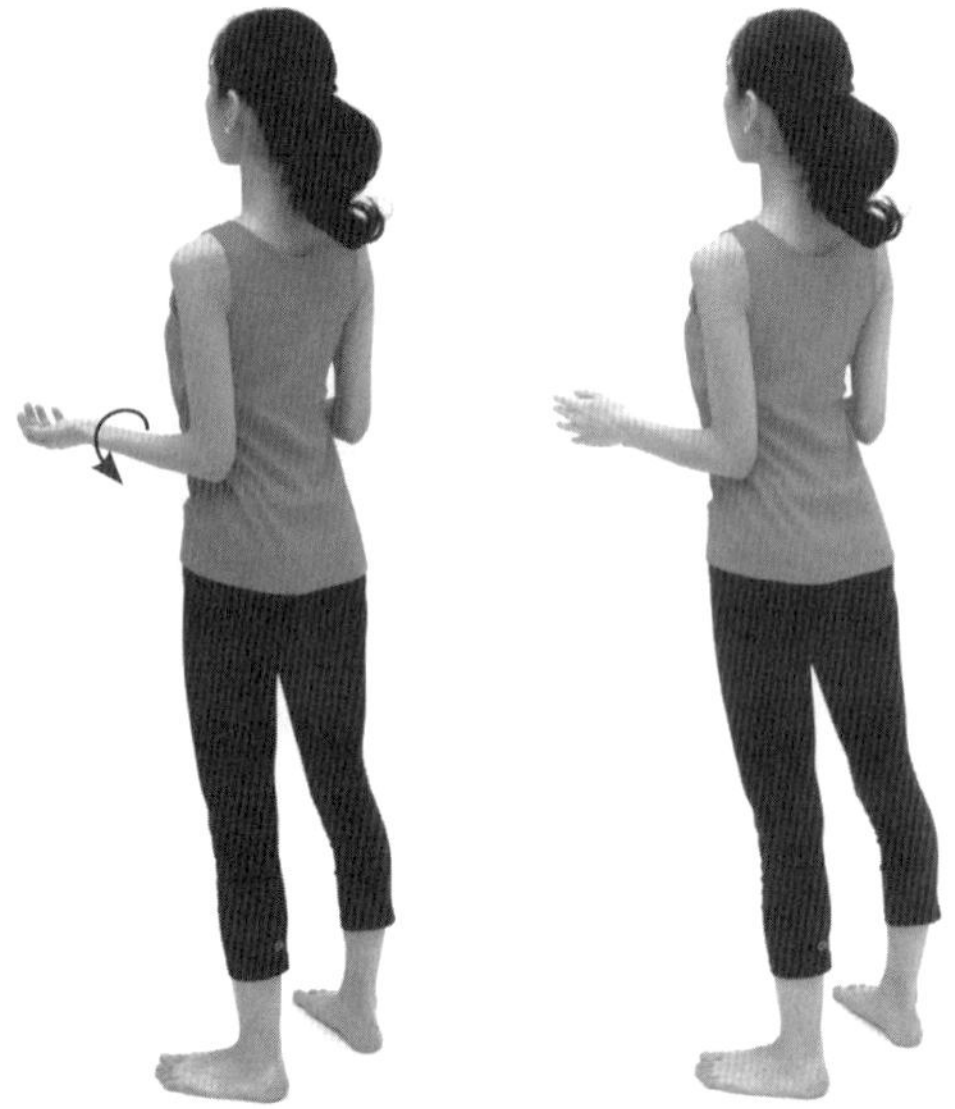

②手のひらを上に向ける　①小さく前へならえ

**＊ポイント…**重心位置をニュートラルにセットした骨格ポジションにて、広背筋を完全収縮させる。広背筋は、背中を丸めた姿勢になると伸びて（伸張）、背中を反らせた姿勢になると部分的に縮んでしまう（部分の過剰収縮）。広背筋の収縮率を上げるためには、骨格ポジションの精度を高めることが大切。また、力を入れようとするあまり上腕垂直位置が保てず、広背筋に効かせられないことがある。手の指先から体幹までをつなげる意識が必要だ。

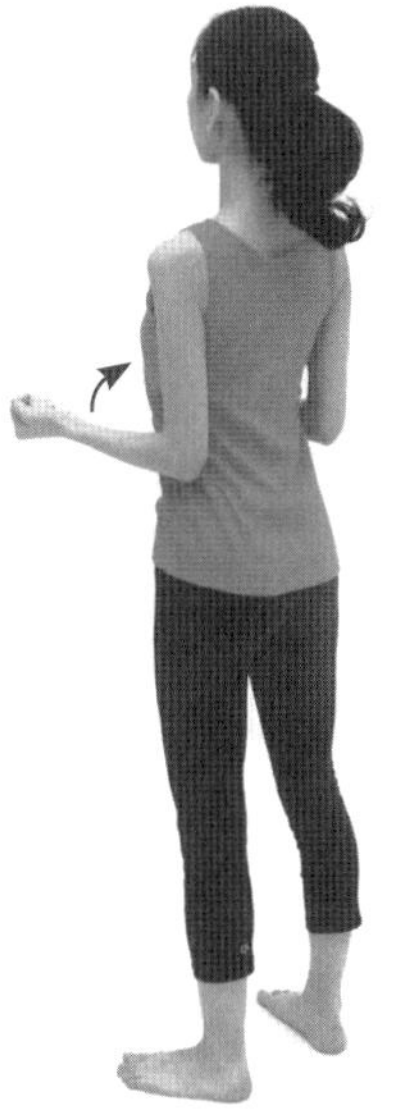

③拳を握り込む

④肘関節を最大に屈曲しながら、上腕で体幹を挟み込む。背中の筋肉をカチカチに固くして、広背筋を完全収縮させる

広背筋は腹圧を高めます。腹圧というのは、いわゆる腹筋が腹筋群を収縮するのに対して、腹筋群を伸張してお腹の内圧を高めることです。これは、内臓のスペースを確保し、股関節の回転力を上げる役割があります。

いわゆる腹筋は、腹直筋の作用で腰椎を屈曲し、腰を動かします。腹圧は、自前の腰痛コルセットを装着するような状態で腰の動きをとめます。よって、腹圧がかかっている状態は、体幹の動くポイントが股関節になります。腰痛や内臓の不調の多くは、腹筋群を収縮して腹腔内が狭く、ペチャンコになっている状態なのです。

腹圧が高まるほどに重心移動が滑らかになります。つまり、腹圧が高まることにより股関節の回転力が上がり、脚を自由に動かせるようになるのです。腹圧は、体幹を強靭にします。体幹の強靭さとは、外観から補う強さではなく、内観から湧き上がる生命力に満ちた強さなのです。

## 4 競技種目別プログラム

本業である治療・リハビリの経験とトレーニング経験から怪我・不調につながる問題点を踏まえ、トレーニングポイントと方法を大枠で三パターンあげてみました。本来、リハビリやトレーニングというものは、個人個人に合わせてオーダーメイドでメニューを組むものですが、特に押さえておきたい基本プログラムをピックアップしました。

### ①筋、関節運動の可動、柔軟性を活かすトレーニング

（クラシックバレエ、フィギュアスケート、新体操、体操、ダンス、シンクロナイズドスイミング etc）

#### ✝怪我・不調につながる問題点

筋、関節運動の可動、柔軟性を活かすためにトレーニングをしても、筋、関節の運動方向に誤

りがあると、腰、脚・膝、足・足指のトラブルにつながり、怪我・不調の原因になります。

## †トレーニングのポイント

**アクセルで可動する：**外反母趾というのはブレーキをかけている足の状態です。ブレーキというのはカラダの各関節の可動を制限することです。ですから、ブレーキをかけたまま動作を続けるということは、関節の可動を制限し、柔軟性を消し去ることになるのです。

アクセルとブレーキは、深部感覚ルーティーンでセットした骨格ポジションを基準として考えます。関節運動の外旋、外転、屈曲方向がアクセル、内旋、内転、伸展方向がブレーキです。膝関節を過伸展した脚は、ダンサーによくみられます。これは関節ブレーキです。芸術的観点からは美しい脚なのかもしれませんが、運動機能的観点からは動きを止めた脚です。

芸術と運動が両立する脚は、とても難しいことだと思います。しかし、両者を両立することで次元を超えた芸術と運動の世界が切り開かれるはずです。

**関節の構造に従う：**膝関節の過伸展は、関節ブレーキであるとともに関節ロックです。過伸展とは、もうそれ以上可動しないということです。それでも美しい脚を求め、膝関節の過伸展を頑張り続けたとしても、関節の構造に背くだけです。関節の構造に背く動作は、関節を破壊します。

また、柔軟性を高めるために開脚ストレッチをしている選手が多いのですが、関節構造を知らないばかりに、足をめいっぱいに開脚（股関節外転）して、内転筋を伸ばしきっています。これでは伸ばされることで収縮しようとする内転筋の伸張反射（脊髄反射）が無効になってしまうので、結果として開脚ストレッチが怪我・不調の原因となってしまいます。

股関節を外転すると、主動作筋の外転筋が収縮し、拮抗筋の内転筋が伸張します。股関節の外転が最大可動域に達すると、生体の防御反応として、伸張している内転筋が縮むことで、関節の可動範囲を逸脱してしまうことを抑制します。これは生体にとって重要な防御反応です。

しかし伸張反射（脊髄反射）を鈍らせ、関節の可動範囲を逸脱する恐れのある動作を競技中に抑制することができず、大怪我に泣く選手は後をたちません。開脚動作というのは、股関節外転に外旋が加わることで可動域が大きくなります。多くの選手は、外転という直線的な関節の動きのイメージしかなく、外旋という立体的な動きが可能な関節の構造を理解していません。筋肉を伸ばすこと（ストレッチ）と、関節を滑らかに可動することは別物です。股関節に限らず、筋、関節運動の可動、柔軟性を高めるためには、筋、関節の「動き」を円滑に、あるいは柔軟にトレーニングすることが大切です。

**重心移動を円滑におこなう：**構造動作トレーニングには「股割り」という開脚訓練があります。これは股関節の動きに必要な筋肉を収縮する訓練です。そして重心移動を滑らかにおこなえるように訓練を進めます。

見た目には開脚ストレッチに似ていますが、筋肉を伸ばすことをしないのが特徴です。ストレッチも股割りもどちらも同じような「柔軟体操」に見え、訓練を重ねるとやわらかくなったように見えますが、決定的に異なることがあります。それは、動きの質です。開脚ストレッチは、見た目のやわらかさですが、股割りは、円滑な動きによるやわらかさなのです。実践において筋、関節運動の可動、柔軟性を活かすためには、筋肉や関節などのカラダの各器官をやわらかくするという考え方をあらためて、動きを訓練するという考え方が必要です。

### トレーニング方法——股割り

股割りは、床に座り脚を大きく開脚します。そして、股関節外転・外旋から股関節屈曲へ開脚前屈するトレーニングです。**股割りは、ストレッチではありません**。長趾屈筋、長母趾屈筋、前脛骨筋、広背筋をしっかり収縮させて股関節を動かします。筋肉を収縮できない場合は、先にご紹介した筋回復をおこなってください。

## EX-38：股割りルーティーン【図66】

1 床に開脚して座り、両手を頭上で合わせ、骨盤が一ミリ浮くポジションまで、その手を斜め前上方へ貫く（ベクトルを貫く：七二ページ、基本のポーズ参照）。

**2** 足関節を背屈し、足指を握り込む。このとき、膝に遊びをもたせる。

**3** 基本のポーズの要領でゆっくり手をおろし、両手を床につく。

**4** カラダの正面においたイス、あるいは座布団などを両手で前に運びながら体幹を前屈する。このとき、頭は鼻棘耳孔線（鼻と耳の穴の線）を床に水平位置、胸は胸郭を立てた位置を保持する。足は内に回旋しないように、股関節外転・外旋を保持する。

**5** 床にお腹がついたら、さらに腹圧をかけて股を割る（腹圧を高めることで股関節の回転力が増す）。

**図 66：股割りルーティーン**

①床に開脚して、恥骨が地面に接触するように座る

②ベクトルを貫きながら、足関節を背屈し、足指を握り込む

③基本のポーズの要領で床に手をつく

④

⑤

⑥カラダの正面のイスなどを両手で前に運びながら体幹を前屈する

⑦

### ✝股関節屈曲の感覚

開脚前屈は、股関節から屈曲します。第2章の股関節の位置覚、振動覚（軽くタップ）から厚くした感覚を踏まえて股関節の屈曲運動を感覚として拾います。

このとき、頭、胸、体幹のポジションが崩れないように保持します。体幹のポジションの崩れは、腰椎の運動へと変化し、股関節運動を見失ってしまいます。猫背や反り腰などの崩れた姿勢は、股関節運動を見失っているといえます。体幹を保持するポイントは、上腕骨の垂直位置を保持して広背筋をしっかり収縮させることです。脇が甘い状態では、体幹を保つことも、腹圧をかけることもできないのです。

## EX-39：足関節底屈で股割りルーティーン【図67】

股割りルーティーンの「2」を足関節底屈でおこないます。これは、カラダがやわらかく、力を入れることが苦手な人に

図67：足関節底屈で股割りルーティーン

おすすめです。

足関節を底屈し、足指を握り込む。ポイントは、後脛骨筋をしっかり収縮することです。そして、小指側で床を押す、あるいは踵を浮かせて天井へ向ける。

これは、足関節背屈でおこなう股割りに比べ、股関節の外旋が増します。また、開脚前屈をするときに重心が後へ残り、体幹が崩れやすいので、広背筋の収縮で体幹を保持することが大切です。後脛骨筋が収縮できない場合は、筋回復をおこなってください。後脛骨筋を収縮できない状態では足が内反、鎌足になってしまいます。

## EX-40：1カウント股割り

自分の開脚前屈の終着点を確認します。終着点は、お腹がつく、床からお腹までが一〇センチなど、それをカラダで記憶します。そして、開脚前屈が5カウントかけて終着点に到達するとしたら、1カウントで終着点に到達する思考に切り替えます。一気に、1、で終着点までカラダを運びます。

股割りルーティーンの手順を踏まえ、正確なポジションで動きのトレーニングをおこなうことが大事です。この場合、動かしやすい座布団などを正面において前に運ぶとやりやすいでしょう。

### ✝股割りの重心移動

股割りのルーティーンは、ブレーキを解除した、アクセルでおこなう動きになっています。しかし、いざ股割り動作をおこなってみると、膝を伸ばす（膝関節伸展）、足を内に向ける（股関節内旋）など、知らず知らずにブレーキをかけてしまっていることに気がつくでしょう。

動作にブレーキをかけるのは、すべて自分、ブレーキを解除するのも自分なのです。

股割りは、重心移動を滑らかにするためのトレーニングです。股関節をやわらかくすることが先にあるのではなく、重心移動が円滑に行われた結果として、やわらかく滑らかに可動する股関節があるのです。

## ②心肺機能を高めるトレーニング

（ウルトラマラソン、マラソン、長距離走、登山、駅伝、水泳 etc）

### ✝怪我・不調につながる問題点

心肺機能を高めるためにトレーニングをしても、動きにおいて心肺系を保持する骨格ポジションに不備があるとダメージが蓄積し、腰、脚・膝、足・足指のトラブルにつながり怪我・不調の原因になります。

## †トレーニングのポイント

**心肺系（胸郭）を保持して動く：**心肺機能を高めるトレーニングで重要なことは、胸郭を保持して動くことです。心臓と肺は胸郭に保護されています。長距離を走るときは、頭、体幹の位置が上下動してブレないように体幹を保ちます。疲れて、息が切れてしまっている選手を見ると、このポジションを保つことができず、立て直すことが難しい状態にあるのがわかります（胸郭のセットについては一〇五ページの図26を参照ください）。

肩で息をする状態というのは、肩を上下に動かして胸郭運動を補う努力呼吸です。この様子をよく見ると胸郭がおじぎして（前傾）、姿勢を保つのも大変そうな状態です。姿勢を保つことができれば、まだ走れるし、姿勢を保つことができなければ、もう走れません。胸郭のポジションは、心肺系に大きく影響を及ぼすのです。

また、動きにおいて胸郭を支えて、運ぶのは足です。足はカラダを支える土台です。走るときのフォームというのは、「滑らかに走動作がおこなえる」ということ、および「心肺系を安定保持できる」という二点を達成するために重要となります。この二点が達成できるフォームでこそ楽に走ることができるのだと思います。

しかし、多くのランナーにおいて、胸郭を支えて動くための骨格ポジションに不備が目立ちます。ランナーたちの怪我・不調がその不備を物語っています。たしかに、長距離を走るということは過酷な運動なのだと思います。カラダの土台である足は、カラダを支えて動くだけでなく、衝撃を和らげるという重要な役割があります。怪我・不調が目立つということは、一歩一歩の衝撃を和らげることができず、ダメージとしてそれらがカラダに蓄積している可能性が考えられます。これでは、胸郭を安定保持することは難しく、心肺系に影響を及ぼすものと考えられます。接地は、足指、足全体で圧を分散することができる足の機能が必要です。

**呼吸器系が十分に機能する状態にある：**心肺機能を高めるトレーニングをする以前に呼吸系が十分に機能している状態にあることが大切です。

スポーツ選手をみていますと胸郭の動きに偏りがあり、「左肺の呼吸は問題なくできるが、右肺の呼吸が苦手」など、呼吸機能にかなりの個人差があります。しかし、ほとんどの選手が、そのことに気がついておらず、自分の状態を把握できていません。それにもかかわらず、激しい練習、心肺機能を高めるためのトレーニングにより呼吸器系に負荷をかけているのです。これは、負荷をかける意味合いが間違っていると思います。まず、トレーニングの前提は自分の呼吸機能の状態を把握することです（呼吸力を高めるエクササイズについては一〇七ページを参照ください）。

**筋ポンプ作用で血液循環を円滑におこなう：**心臓から足や手の末端に送られた血液は、筋肉の収縮・弛緩を利用（筋ポンプ作用）して心臓へ戻ってきます。血液は、心臓から動脈で末端へ送られますが、これに対し戻ってくる時は、末端から心臓まで静脈で登っていかなければなりません。そのため、静脈には逆流を防ぐ弁が備わっていたり、筋肉の収縮力を使って血液を心臓へ戻す仕組みになっているのです。

しかし、一般の方はもとより、スポーツ選手であってもその多くにおいては、第二の心臓といわれる足の筋肉が機能低下しています。具体的にいいますと、骨格ポジションの不備により長母趾屈筋、長趾屈筋、後脛骨筋などのふくらはぎの深層筋の機能が低下しているのです。

いわゆる、ふくらはぎの筋肉は下腿三頭筋（腓腹筋、ひらめ筋）なのですが、深層筋が働いていないので、この筋肉がほぼ筋ポンプ作用を受け持ち、過剰労働になっています。たとえていえば、下腿の筋肉一〇〇パーセントのうち半分程度の機能状態で血液循環を担っているということです。これでは、トラブルにつながっても当然だと思います。

心肺機能を高めるトレーニング以前に循環器系が十分に機能している状態にあることが大切です。循環器系が機能した状態であれば、無理なく、さらにレベルの高い心肺系のトレーニングをおこなうことができます。まず必要ない負荷を取り除きましょう。

そのためには、足の状態を把握しておくことが必要です。

## †トレーニング方法――ロウギアランニング

ゆっくりと「走る」動作の中で、重心移動の軌道を滑らかに描くために、深部感覚を

携帯用メトロノーム

拾い、ポジションを修正し、接地を確かめることができます。走る速度は、一秒間に二歩のペースです。携帯用のメトロノームを一二〇テンポにセットし、約二五分～三〇分間、ゆっくり走ります。

## EX-41：ロウギアランニング——フォーム【図68】

1基本ポーズから重心ニュートラルポジションで立つ。
2腕は小さく前にならえの姿勢で手（末端）を軽く保つ。
3頭は鼻棘耳孔線（鼻と耳の穴を結ぶ線）が地面に対して水平の位置を保つ。
4胸は胸郭を立てた位置を保つ。
5上体をやや前歩へ傾け、やや前重心で一歩目が自然に出る感覚を拾う。
6接地は、足指・足全体で接地する（踵接地、母趾球接地にならないように注意）。

### ✝ロウギアランニングのポイント

図68：ロウギアランニング

一二〇テンポが難しい場合は、一三〇テンポから徐々に慣れていくようにしてみましょう。一定のリズムでポジションを保つ（テンポからはみ出さない、テンポ内で自由に表現する）ことを目指してください。

ゆっくり走る動作の中で自分の内部環境を見ていきます（フォームや姿勢をチェックし、修正する）。走る動作は、歩く動作と異なり、両足が一瞬、宙に浮く瞬間があります。

約二五分〜三〇分間走り、走り終えたら、ゆっくり歩いてみて、カラダが軽くなるなどの変化があれば成功です。

## †ゆっくり走っているだけなのに足に違和感がある

各スポーツ競技の特性、個人の癖などによりスポーツ選手の動きは偏っています。

すると、選手によっては、ゆっくり走る動作なのに、足の筋肉の疲労感、痛くなるなどの違和感が出る場合があります。このシグナルは、フォーム不良、および、カラダの機能不足を知らせていると考えられます。

ゆっくり走る動作は、車でいえばロウギアでの走行です。スポーツ選手たちはロウギアがよくわからないまま、いきなりトップギアに入れるために日々激しい練習をこなしているともいえます。けれども、物事には順序があります。ヒトのカラダの動きにも一定の法則があり、順序があるのだと思います。

まずは、ゆっくり走っても安定を保つことができる骨格ポジションを身に付けてください。

## 心肺機能を高めるための基本動作

ゆっくり走る動作で呼吸器系、及び、循環器系を保持することができなければ、激しい動きで心肺機能を高めることは難しいと思います。

呼吸器系は、頭と胸の位置を保持します。

循環器系は、足指・足全体接地を保持します。

この二点を保ってゆっくり走れるようにすることが大切です。

## 平衡感覚

平衡感覚は、生体が運動している時や重力に対してカラダが傾いた状態にある時にこれを察知する働きです。

スポーツ選手を含む多くの人が平衡感覚を鈍らせています。日常生活において「不安定」な状態での動作をすることが極端に減っているということもその一因であると考えています。

現代のスポーツトレーニングは、人間のカラダの各器官、バラバラにした特定の部位に注目するものが多いです。部位に負荷をかけるトレーニングは弊害として、重力と闘う姿勢を選手に強いていると考えています。結果として無意識のうちに重力に逆らっており、またそれを感知することなく、無理をすることで怪我や不調が多くなってしまう。

ヒトの本能的な部分では、**重力と馴染み、共存していくこと**を望んでいます。

ロウギアランニングは、重力を無理なく受けることができる骨格ポジションで動きます。このポジションを基準にすることで平衡感覚を拾いやすく、重力と闘ってカラダに負荷をかける必要もなく、重力を受け入れることができるのです。

ランニングをしながら、本能的なバランスのトレーニングにもなっているのです。

## †速度を察知する感覚

カラダが傾くほどに重心は前方へ移動し加速します。

ロウギアでは、わずかに重心が前方へ移動する程度です。この「ロウギア感覚」（ほんの少しの加速感）を丹念に探り、自分のわずかなカラダの傾きが、動きの源になることを体感できると、さらなる感覚の深化が期待できるでしょう。

平衡感覚を拾いやすくする骨格ポジションを基準にすることで、カラダに速度感覚が備わります。

最終的なハイギアランにおいては、さらに、そこに手足の動きが加算され、本当の意味でのトップスピードが開通するのです。

そのためには、ロウギアでゆっくりと感覚を練り上げることが大事です。

### †テンポアップステップ

ロウギアランニングに慣れたら、テンポアップをカラダに経験させます。携帯用メトロノームを一八〇テンポ、あるいは二四〇テンポにセットして、その場でステップを踏みます。このときも、骨格ポジションを保持し続けることが重要です。骨格ポジションを保持して動くためのトレーニングですから、テンポを取ることに必死になって、骨格ポジションを崩してしまっては本末転倒です。

## EX-42：テンポアップステップ

一八〇テンポ：一秒間に三回、足を踏み替えます。
二四〇テンポ：一秒間に四回、足を踏み替えます。

速いテンポをこなすのには、足幅を狭くとり、基底面を狭く、不安定にすることがポイントです。また、テンポに慣れてきたら、ビートを八分音符にセットしてステップを踏みます。単調なビートから軽快なビートに変化することでカラダを細分化してビートを刻むことができます。

## †バランスはリズム

そもそもバランス感覚とは、何を意味するのでしょうか？

カラダの傾きを察知する平衡感覚が鋭いことでしょうか、あるいは、それを立て直す骨格機能のことでしょうか？

私は、バランス感覚とはどういうことなのかを体感したくて、一輪車に挑戦したことがあります。やはり、バランス感覚とは平衡感覚とそれを立て直す骨格機能のことだと感じました。しかし、ロウギアランニングやテンポアップステップなどのリズムトレーニングでテンポとビートを体感するうちに、**細分化したカラダのリズムの集合がバランス感覚**ではないかと考えるようになりました。さらに、重力を受け入れるようになるとバランス感覚の思考が変化しました。

バランスとは小刻みにゆれながら均衡を保つこと。そこにはリズムというものが存在し、内外の環境にもさまざまなリズムが存在しています。自分の内部に生ずる心臓の拍動、呼吸運動、筋肉運動がテンポなのかノイズなのか定かではありませんが、バランス感覚がよい人は、オーケストラの指揮者のように、それらを微調整し、軽快なリズムに変えることができているのではないでしょうか。

トレーニングでカラダに刻むさまざまなテンポは、バランス感覚の質をあげます。

実践的なバランス感覚は、静止した状態では養われず、動きの中で養われるものなのです。

## ③瞬間的に力を発揮するトレーニング

（野球、サッカー、ラグビー、ゴルフ、テニス、バスケットボール、バレーボール、相撲、柔道、剣道、短距離走、投てき etc）

### ✝怪我・不調につながる問題点

瞬間的に力を発揮する必要があってトレーニングをしても、瞬間的な力を発揮するための準備が不足していると、首、腕・肩・肘、手・手指、背中、腰、脚・膝、足・足指のトラブルにつながり、怪我・不調の原因になります。

### ✝トレーニングのポイント

**ニュートラル重心：**瞬間的に力を発揮するトレーニングは、いつでも動き出し可能な姿勢が基準です。それは、足指・足全体で接地したニュートラル重心位置ということです。前後左右、どこかに偏って立っていたとしたら、すぐに動き出せません。筋力が強い選手でしたら、後重心からでも筋収縮で一気にカラダを移動させることができますが、それは重心移動が円滑におこなわれているわけではなく、ワンテンポのタイムロスが生じ、筋疲労を伴うというデメリットがつきまといます。

これでは、怪我・不調につながるばかりか、パフォーマンス効率が悪くなってしまいます。パフォーマンス効率をアップさせるには、重心移動を円滑にすることが大切です。それが、瞬間的に爆発的な力を発揮することにつながるのだと、私は考えています。

**筋肉の収縮**：筋肉が力を発揮するときは収縮するときです。筋肉は、骨格ポジションの調節をする役割があります。瞬間的に力を発揮する場面とは、カラダの位置が変化する、あるいは、相手に力を伝える、相手の力を受ける、などさまざまです。筋肉は、このような場面で必要な収縮をおこなえることが大切なのです。

しかし、スポーツ選手の多くは、指を曲げる、ひじを曲げる、脇を締める、足指を曲げる、足首を底背屈する、などの基本動作において十分な筋肉の収縮をおこなえない状態です。まずは、筋パワーや筋肉の瞬発力などのトレーニングを考えるよりも、筋肉の基本機能を回復させることが先決です。

**脊髄反射（伸張反射）**：筋肉には筋紡錘と呼ばれるセンサーがあり（六二ページ参照）、筋肉が瞬間的に引き伸ばされると筋紡錘から脊髄へ信号が送られます。すると脊髄から筋肉を収縮させる信号が出され、結果的として筋肉が反射的に（つまり意思とは関係なく）収縮するのです。これを脊髄反射、伸張反射と呼んでいます。

脊髄反射は、随意運動と比べ三倍近く速いことが知られています。随意運動とは、意識をしてカラダを動かす（筋肉を収縮させる）運動のことです。ヒトが瞬間的に力を発揮する仕組みには、この脊髄反射が組み込まれています。それは、ヒトが外部環境の脅威から身を守るための生理的反応として、本能的に発動するものなのでしょう。しかし、それには条件があります。

この脊髄反射を発動するための条件は、深部感覚を厚くして、自分の内部に存在するヒトの本能的な部分を見つけることです。とはいえ、それはトップアスリートでさえ難しいことです。よって、構造動作トレーニングという「型《かた》」を通して、枠組みの中で自由に表現することからはじめます。そして、「型」という枠組みが、自分

**図69：スクワット**

①基本のポーズから、手のひらを下に向ける（回内）

②両手を前に伸ばす（肘を伸ばしきらないように注意）。力こぶは上、肘は下を向く

③しゃがむ。重心が前下方へ向かう

の内外の狭間でいかなる意味を持つのかを見定めます。

トレーニングというのは、刻一刻と変化する自分の内外の様子を中継する、第三者的な自分を育むことでもあります。ヒトの本能的な部分というのは、この「型」という枠組みをとらえ、そしてそれを超えたときに見つかるものなのかもしれません。

### †トレーニング方法——スクワット

スクワット（squat）の意味は、しゃがむ、です。スクワットは、「しゃがむ」という最も基本的な屈伸動作から瞬間的に力を発揮する骨格ポジションにおける動きを探り当てるトレーニングです（ポジショナル・アジリティ）。

## EX-43：スクワット【図69】

1 基本のポーズから股関節幅で足指・足全体で接地する。重心は、ニュートラルポジション。

④しゃがんだ反動で立ち上がる

⑤腹圧を保つこと

⑥くり返す

**2**両手を前に伸ばす。上腕は、力こぶ（上腕二頭筋）が上を向き、前腕は、肘の外側の関節（腕橈関節）から回内で手の平が下を向く。

**3**しゃがむ。重心が前下方へなだらかな軌道を描くようにしゃがむ。重心が後方へ移動すると、つま先が浮いて接地不良になってしまう。

**4**しゃがんだ反動で立ち上がる。

**5**腹圧を保ち、しゃがむ、たちあがる（3～4をくり返す）。

## スクワットのポイント

とてもシンプルな基本動作ですが、さまざまなトレーニング要素が含まれています。量より質です。自分の状態を随時中継してみましょう。

①しゃがむ動作ができるようにする

しゃがんだときに、つま先が浮く、踵が浮く、後重心、膝が内に入る、など安定しない状態では瞬間的に力を発揮する骨格ポジションをつくれません。また、この状態でスクワットをしても進展が望めません。まず、接地づくりからはじめます。それは、足指（末端）の深部感覚（二二九ページ参照）、および、長趾屈筋、長母趾屈筋、前脛骨筋、後脛骨筋の筋回復（二三一ページ以降参照）をしっかりおこなって、足指・足全体で接地できる足をつくること。

それから、両手を前に伸ばして、前重心を保ったまましゃがむ練習をします。

②脊髄反射

スクワットにおいて、「4　しゃがんだ反動で立ち上がる」のフェーズでは、腹圧を保った体幹が落下してバウンドします。このとき脊髄反射を探り当てることを目標とします。骨格ポジションを崩しやすいので、深部感覚を厚くし、広背筋の筋回復（二四二ページ参照）をして、安定した骨格ポジションをつくります。

③広背筋と腹圧

広背筋が収縮することで腹圧を高めることができ、なお、体幹を安定的に保持することができます。筋回復の「広背筋収縮」がある程度進展したら「広背筋の伸張 - 収縮」でさらに腹圧を高めます。

## EX-44：広背筋の伸張-収縮【図70】

**1** 立位で小さく前へならえ。

**2** 手の平を上に向ける（左右前腕を回外）。

**3** 手を握り込む。

**4** 手首が偏らないように保持しながら肘関節を最大に屈曲する。

**5** 上腕垂直位置を保ち、全体に力をゆるめる。

**6** 左右の上腕が水平になるくらい脇を開け、両上腕の内側で体幹の側壁をパチンと音を立てるように密着させる。このとき、腹圧を高め続ける。

**7** パチン、パチンと何度か上腕と体幹を密着させ、広背筋の伸張 - 収縮と腹圧を感じ取る。

図 70：広背筋の伸張 - 収縮

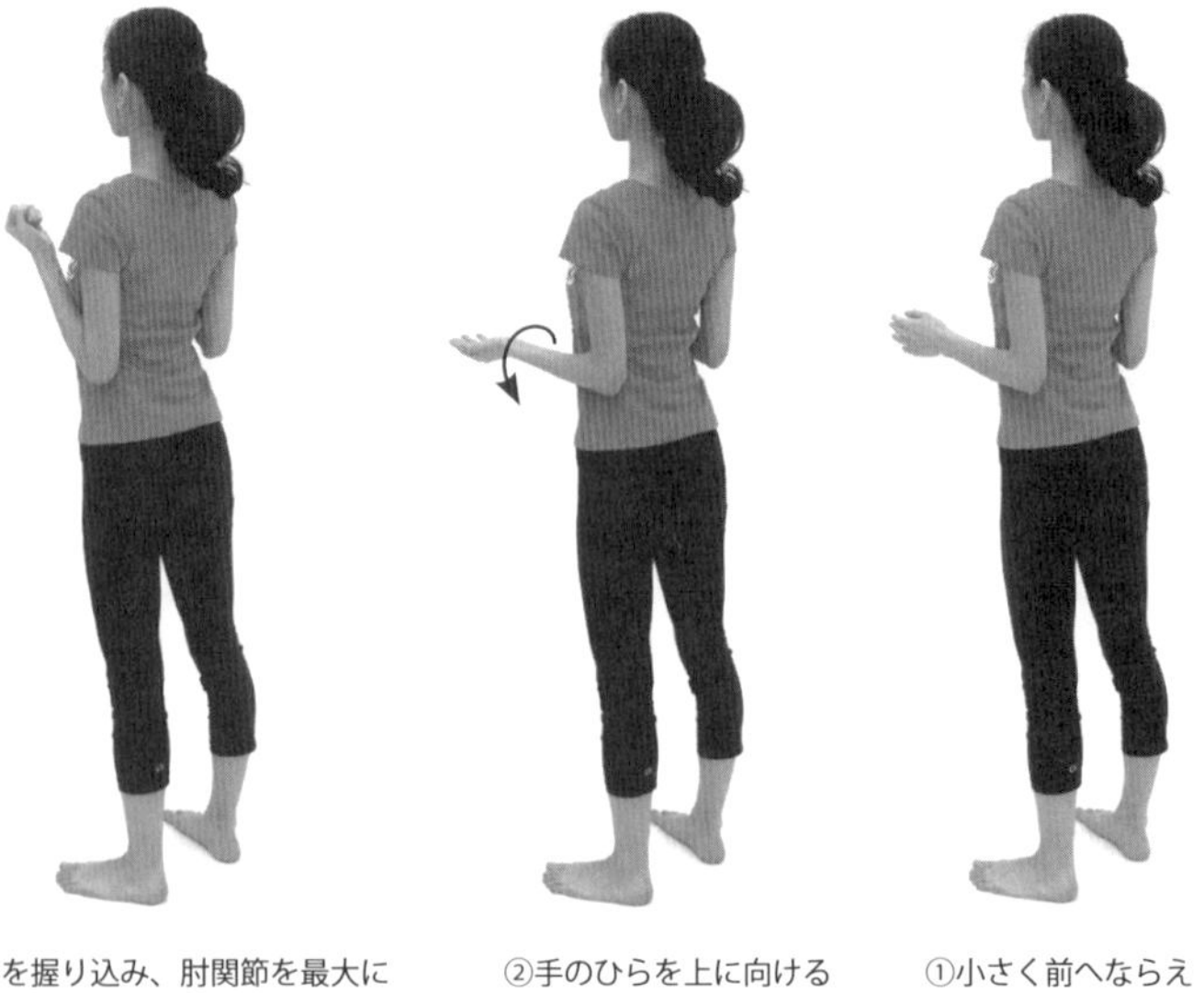

①小さく前へならえ

②手のひらを上に向ける

③手を握り込み、肘関節を最大に屈曲する。その後、上腕垂直位置を保ち、全体に力をゆるめる

### ✝ハムテンション（hamstring-tension）

ハムストリングスは、太ももの裏の筋肉です。ハムストリングスは骨盤立位（骨盤垂直）から骨盤後傾で収縮し、骨盤前傾で伸張します。さらに骨盤が前傾するとハムストリングスのテンシ

ヨンは高まります（ハムテンション）。ハムテンションは、骨でカラダを支える構造において下肢の張りとして重要です。そして、スクワットなど跳躍動作には欠かせない身体のバネです。ハムテンションは、股関節屈曲、膝関節屈曲、足関節屈曲、中足趾関節屈曲で骨盤の前傾とともにテンションが高まります。

## ✝腸腰筋と屈伸運動における筋肉の連動

スクワットにおいては、重心ニュートラルポジションから手を前に伸ばし、重心がやや前方へ移動する。そのまま体幹が落下するようにしゃがむ。このとき、ハムテンション（hamstring-tension）を保ちます。しかし、重心が後方へ流れるとハムテンションは抜けます。

また、腹圧を保つことでお腹の深層筋である腸腰筋《ちょうようきん》が伸張します。さらに腹圧を高めると腸腰筋のテンションが高まります。逆に腹圧を抜くとテンションが抜けて縮みます。腸腰筋のテンションは体幹と下肢の前面の張りを保ち、下肢後面の張りであるハムテンションも同時に保ち続け

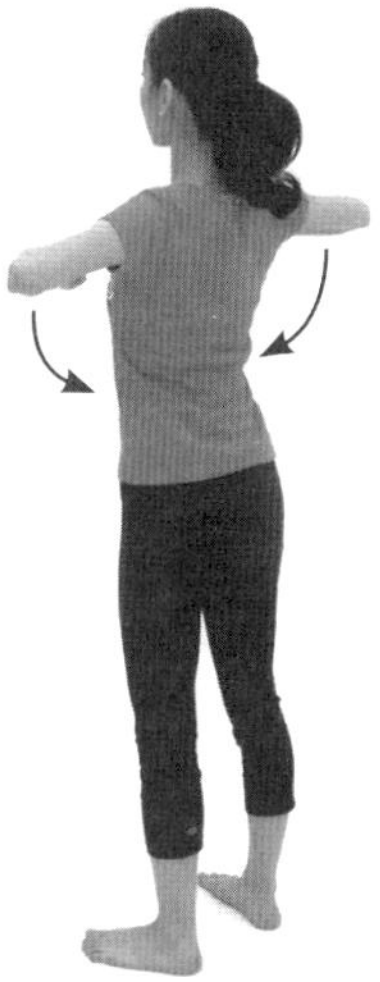

④上腕と体幹の側壁をパチンと音を立てるように密着させる

⑤くり返す

ることで、前後に張りが保たれます。これが強力なカラダのバネになるのです。

さらに、大腿四頭筋や下腿三頭筋の脊髄反射（伸張反射）が加算されることで屈伸運動における動作の質が高まっていきます。

# あとがき

「深部感覚」について書籍にする、という構想を企画してから、できあがるまでに約二年半かかりました。この本をつくるにあたって苦労したことは、深部感覚という見えない内部感覚とそのトレーニング方法を、どのような表現であらわせば人に伝えることができるのか？　ということでした。

実際のリハビリ・トレーニング現場で私が直接指導していても、トレーニングの意図や意味を伝えることが難しいと感じることが多々あります。というのも、多くの人は、マッサージなどの外部からの刺激を感知する感覚には慣れているものの、自らの動きから生まれ出る内部の刺激を感知する感覚に慣れていないからです。ですから、普遍的な骨指標をもとにしながら表現方法を探っていくのに試行錯誤した二年半だったといえます。

私はこれまでに「骨盤おこし」「股割り」「趾（あしゆび）」「動きのフィジカルトレーニング」などのトレーニングを紹介してきました。その中にあって「深部感覚」リハビリ・トレーニングは、自らの体をコントロールするために必要な要素を体に染み込ませるための感覚トレーニングです。

「運動」と「感覚」をセットで捉えることにより、いままで紹介してきたトレーニングだけでなく、あらゆる動作の質を高め、より深い部分でのトレーニング効果が期待できます。

深部感覚ルーティーンで「感覚を拾う」ということを重ねることで、ヒトの骨という素材が持つ強度を実感することができ、また、本来のヒトのカラダが備えている強さ、精密さなど、ヒトの体の構造と仕組みがよくできていることに気づくことでしょう。

はじめて深部感覚ルーティーンに取り組まれる方を見ていると、そこで起こった変化に気づかない、あるいは感じ取れない人がいる一方、はじめて味わう感覚の変化とその効果に驚かれる人がいる、などそれぞれにさまざまなリアクションが起こっています。

ヒトの体は使わなければ、運動感覚が薄く鈍くなってゆきます。ですから、感覚に個人差があって当然なのです。薄く鈍くなった感覚を回復させていくことが、リハビリ・トレーニングの目的ですから、運動と感覚を重ねて、ゆっくりとそれを厚くしていけばよいと思っています。

私たちは重力のもとで生活していますから、重力との関わり方が重要になってきます。「骨」という素材が持つ強度を発揮できる骨の並びで生活することは、重力に逆らわず、重力を正しく受ける関わり方だといえます。

重力に逆らえば、その分、体に負荷がかかることになり、問題や悩み事が増えるでしょう。日常生活では滑らかに、快適に動きたいものです。そのためにも深部感覚ルーティーンを多くの方たちに活用していただければ嬉しく思います。

本書の作成にあたり、動作術研究家の中島章夫先生には、深部感覚ルーティーンを検討する機会、また深部感覚を表現する上でのアイデアやきっかけをいただきました。モデルを引き受けてくださった井上亜沙子さんには打ち合わせに忙しい時間を何度も割いていただきました。スチール写真の撮影を快く引き受けてくださった根本明彦さんには、段取りが的確な上にわかりやすいスチール写真の数々を撮っていただきました。デザイナーの河村誠さんとは、これで四度目のお仕事になりますが、毎度素敵な本に仕上げていただいております。そして最後に、晶文社編集部の江坂祐輔さんには、私のはじめての著作『「骨盤おこし」で身体が目覚める』（春秋社）から編集を担当していただいております。どうも私は江坂さんと一緒に本をつくることで新たな表現方法を学ばせていただいているようです。今回もこれまでにない本ができ、新たな世界が開けました。

この場ではご紹介することはできませんが、他にもたくさんの方たちにお世話になりました。この本をつくるにあたって関わったすべての方に感謝しお礼申し上げます。どうもありがとうございました。

これまで私は自らの好奇心の趣くままに進んできました。

おそらく今後も「ヒト」という捉えどころのないものへの興味からは逃れられず、深く、深く、生涯進んでいくことと思います。そして私の好奇心から生じたさまざまなことが、必要としている一人でも多くの方たちに届くことを願っています。

二〇一六年五月吉日

中村考宏

# 参考文献

『南山堂 医学大辞典』（南山堂）
金子丑之助『日本人体解剖学第一巻』（南山堂）
教科書執筆小委員会『はりきゅう実技〈基礎編〉』（医道の日本社）
東洋療法学校協会編『経絡経穴概論』（医道の日本社）
東洋療法学校協会編『生理学』（医歯薬出版株式会社）
中村考宏『「骨盤おこし」で身体が目覚める――1日3分、驚異の「割り」メソッド』（春秋社）
中村考宏『趾でカラダが変わる』（日貿出版社）
中村考宏『〝動き〟のフィジカルトレーニング――カラダが柔らかくなる「筋トレ」！』（春秋社）
中村考宏『骨格ポジショニング――本当に動く体になる！　エクササイズ革命』（学研パブリッシング）
中村隆一・齋藤宏・長崎浩『基礎運動学』（医歯薬出版株式会社）
W. Kahle 他著、越智淳三訳『分冊 解剖学アトラスⅠ～Ⅲ』（文光堂）

【著者について】

**中村考宏**（なかむら・たかひろ）

1968年9月25日生まれ。愛知県出身。中京大中京高校（旧中京高校）から愛知学院大学卒業後、米田中部柔整入学。卒業後、中和医療専門学校。柔道整復師、鍼灸師 、按摩マッサージ指圧師、スポーツトレーナー。現在、えにし治療院院長。MATAWARI JAPAN代表。柔道四段。
著書に『「骨盤おこし」で身体が目覚める　1日3分、驚異の「割り」メソッド』『カラダが柔らかくなる「筋トレ」！　"動き"のフィジカルトレーニング』（以上、春秋社）、『趾でカラダが変わる』（日貿出版社）、『骨格ポジショニング――本当に動く体になる！　エクササイズ革命』（学研パブリッシング）ほか多数。

**「深部感覚《しんぶかんかく》」から身体《からだ》がよみがえる！**
**――重力を正しく受けるリハビリ・トレーニング**

2016年7月10日　初版

著　　者　中村考宏
発 行 者　株式会社晶文社
東京都千代田区神田神保町1－11
電話　03－3518－4940（代表）・4942（編集）
URL　http://www.shobunsha.co.jp

印刷・製本　ベクトル印刷株式会社

©Takahiro NAKAMURA 2016
ISBN978-4-7949-6929-3　Printed in Japan

JCOPY〈（社）出版者著作権管理機構 委託出版物〉
本書の無断複写は著作権法上での例外を除き禁じられています。複写される場合は、そのつど事前に、（社）出版者著作権管理機構
（TEL：03-3513-6969　FAX：03-3513-6979　email：info@jcopyor.jp）の許諾を得てください。

〈検印廃止〉落丁・乱丁本はお取替えいたします。

## 好評発売中

**ヨガを科学する**　ウィリアム・J・ブロード　坂本律（訳）

これほど高まった予が人気にも関わらず、ヨガの効果、ましてやその危険性にまで科学的に切り込んだ一般向け書籍は刊行されてこなかった。様々なヨガが増加し続ける今こそ、ヨガを客観的に見つめなおす視点が必要だ！　正しいヨガを選ぶための必読書。

**ランニング思考**　慎泰俊

民間版の世界銀行を目指す企業家が、過酷なウルトラマラソンの体験から得た仕事と人生の教訓。いかなるマインドセットでレースに臨み、アクシデントをどう乗り越えるか？　読者の「働く」「生きる」を変えるかもしれないエクストリームなマラソン体験記。

**偶然の装丁家**　矢萩多聞

個性や才能、学歴や資格なんていらない。大切なのは与えられた出会いの中で、身の丈にあった「居場所」を見つけること——。14歳からインド暮らし、専門的なデザインの勉強をしていなかった少年が、どのようにして本づくりの道にたどり着いたのか？

**江戸の人になってみる**　岸本葉子

一日、せめて半日、江戸に紛れ込んでみたい——名エッセイストが綴る、大江戸案内にして、年中行事カレンダー。『絵本江戸風俗往来』を片手に、江戸の風情を訪ね歩けば、手習いのお師匠さんになったつもりで、江戸の一日を再現。

**自死**　瀬川正仁

日本は先進国のなかで、飛びぬけて自死の多い国である。学校、職場、家庭で、人を死にまで追い込むのは、どのような状況、心理によるのだろうか。複雑に絡み合う自死の人の問題点を読み解き、そこに関わる多くの人びとを取材しながら、実態を明らかにする。

**民主主義を直感するために**　國分功一郎

「何かおかしい」という直感から、政治へのコミットメントははじまる。パリの街で出会ったデモ、小平市都市計画道路反対の住民運動、辺野古の基地建設反対運動…哲学研究者が、さまざまな政治の現場を歩き、対話し、考えた思索の軌跡。

**人類のやっかいな遺産**　ニコラス・ウェイド　山形浩生・守岡桜（訳）

なぜオリンピック100m走の決勝進出者はアフリカに祖先をもつ人が多く、ノーベル賞はユダヤ人の受賞が多いのか？　ヒトはすべて遺伝的に同じであり、格差は地理や文化的な要因からとするこれまでの社会科学に対する、精鋭科学ジャーナリストからの挑戦。